浮选配位化学原理
Coordination Chemistry of Flotation

陈建华　著

科学出版社

北京

内 容 简 介

浮选是一个复杂的界面作用过程,浮选体系中的矿物晶体、药剂以及浮选介质水分子都具有显著的配位特征。浮选药剂分子与矿物表面半约束态金属离子的作用是一个典型的配位化学作用。本书系统提出了浮选药剂与矿物表面作用的配位化学原理,包括矿物表面配位的空间几何原理、药剂与矿物表面金属离子的配位作用模型、晶体场稳定化能对药剂吸附稳定性的影响及轨道对称性匹配与药剂选择性的关系等。

本书可供从事矿物加工、化学化工、表界面科学等专业技术人员、高校研究生和本科生以及研究院所研究人员等参考和学习使用。

图书在版编目(CIP)数据

浮选配位化学原理=Coordination Chemistry of Flotation / 陈建华著. —北京:科学出版社,2021.6

ISBN 978-7-03-067924-6

Ⅰ.①浮… Ⅱ.①陈… Ⅲ.①浮游选矿-络合物化学 Ⅳ.①TD923

中国版本图书馆CIP数据核字(2021)第017433号

责任编辑:李 雪 高 微 / 责任校对:杜子昂
责任印制:吴兆东 / 封面设计:无极书装

科学出版社 出版
北京东黄城根北街 16 号
邮政编码:100717
http://www.sciencep.com

北京建宏印刷有限公司 印刷
科学出版社发行 各地新华书店经销
*

2021 年 6 月第 一 版 开本:720×1000 1/16
2021 年 6 月第一次印刷 印张:12 3/4
2022 年 3 月第二次印刷 字数:242 000

定价:198.00 元
(如有印装质量问题,我社负责调换)

作 者 简 介

　　陈建华：中南大学矿物加工专业毕业，广西大学教授、博士生导师。主要研究方向为浮选理论与药剂分子设计。率先将固体物理和密度泛函理论引进矿物浮选领域，开辟了浮选第一性原理新方向；提出浮选药剂与矿物表面作用的配位化学理论，解决了表面半约束态金属离子与药剂作用的难题，为浮选药剂分子靶向设计提供了理论模型；开发出多种高效浮选药剂，实现了复杂多金属资源的高效清洁回收。在国内外学术期刊上发表论文 300 多篇，出版学术专著 9 部，授权国家发明专利 20 多项，国际发明专利 10 项。

前　言

矿物浮选是人类一项伟大的发明,主要利用矿物表面亲水/疏水性的差异来实现不同矿物的分离,使得人类大规模开发利用矿产资源成为可能,改善了人类社会发展中资源不足的问题,形成了以采矿、选矿为主体的现代矿业工业体系。

正如 Bulatovic 在 *Handbook of Flotation Reagents: Chemistry, Theory and Practice* 序言中所讲的 "没有浮选就没有今天我们大家看到的矿业工业",浮选已经成为当今矿产资源分选最常用、最高效的技术,对浮选的认识也是一个不断发展的过程。1930 年,Ostwald 认为捕收剂仅在固-液-气三相界面存在,Christmann则认为只有起泡剂存在时黄药才有捕收性,Kellerman 和 Bender 认为黄药的捕收性来源于其分解产物,1933 年,Ravitz 和 Porter 认为黄药的作用是清除矿物表面氧化物。这些最初的假说并不准确,但也在不同程度上推进了人们对浮选过程的深入认识。后来又提出静电假说,解释了阳离子捕收剂与负电性矿物表面的作用,但静电假说并不适用于发生化学作用的体系;例如,碱性条件下黄药完全电离成阴离子,同时硫化矿物表面也带负电,但这并不影响黄药对硫化矿的捕收作用。1934 年,Targart 提出了溶度积假说,认为捕收剂与矿物表面的作用完全按照化学反应进行,但这一假说无法解释同一金属离子在不同矿物中的差异。

溶度积假说引起了人们对矿物表面氧化的关注,因为按照硫化矿物的溶解度数据,几乎不支持溶度积作用,只有矿物表面发生氧化才有可能提供足够多的金属离子。1953 年,Salamy 和 Nixon 发现硫化矿浮选与电化学之间的关系,提出了硫化矿浮选电化学理论,解释了氧气在浮选中的作用。从那以后的近 50年时间,各国选矿学者围绕硫化矿浮选电化学进行了大量的研究工作,甚至认为 21 世纪是电化学浮选时代,然而硫化矿浮选在工业上至今仍然还没有达到完全通过控制矿浆电位来实现浮选的水平。有色金属矿物的半导体性质决定了电化学现象是硫化矿浮选过程中的一个必然现象,然而矿物表面亲水性和疏水性调控仍需要捕收剂和抑制剂的吸附来完成,药剂与矿物表面的作用仍然是浮选的核心科学问题。

浮选发展到今天,与工业的大规模成熟应用相比,理论研究远远落后于工业实践。其原因在于浮选是一个涉及矿物、药剂及二者相互作用的复杂界面过程,这涉及化学(药剂)和固体物理(矿物)两个学科。我们都知道化学理论侧重于描述单个粒子的性质，如分子和离子，而固体物理描述大量粒子体系的性质，不考虑单个粒子的性质，如矿物晶体的结构和性质。一方面，化学理论是矿物浮选研究最常使用的理论。但是浮选化学经典理论，如溶度积假说没有考虑矿物晶体和性质对金属离子的影响，无法解释如黄药为何能够浮选黄铁矿却不能浮选赤铁矿等问题；另一方面，笔者曾尝试将固体物理研究方法引入浮选研究中，虽然能够从矿物晶体结构和性质方面对矿物可浮性差异进行较好地解释，但在准确描述金属离子与药剂之间的作用还存在一定的困难。固体物理描述的是一个多体的理论问题，不考虑单个粒子带电，而浮选药剂与矿物表面的作用又必须考虑到药剂离子和表面金属离子带电的问题才能获得合理的结果。一个完善和自洽的浮选理论需要同时对矿物晶体多原子结构和单个药剂分子性质进行准确描述，才能获得与矿物浮选实践相一致的结论。

　　本书的目的是解决浮选体系下药剂与矿物表面作用的模型问题，为浮选药剂分子靶向设计提供理论指导。本书从矿物晶体结构和配位作用入手，提出浮选药剂与矿物表面作用的二次配位理论，即药剂分子与矿物表面已经配位的金属离子发生再次配位作用。从空间几何结构匹配、电子与轨道的相互作用、轨道对称性匹配以及晶体场稳定化能四个方面系统论述了浮选药剂分子与矿物表面金属离子的作用，构建了基于配位化学原理的矿物浮选理论。

　　本书从概念提出到形成系统理论用了三年的时间，其中有的问题甚至用了数月的时间来思考和解决。在整个研究过程中一直得到孙传尧院士的鼓励和支持，并多次与孙传尧院士一起讨论，受益匪浅。孙院士扎实的理论功底、严谨的治学态度以及对矿物加工深厚的感情，都时刻激励着笔者不断前进，在此向孙院士表示诚挚的感谢。另外也感谢团队其他成员的无私奉献，由于他们出色的工作，使得笔者可以有足够的时间专注这一工作。

　　矿物浮选是一个复杂的过程，涉及多学科交叉问题，本书在这方面做了一些探索性的工作，供大家参考。

陈建华

2021 年 1 月

目　录

配位化学理论 第 1 章

1.1 从化合价到配位化学

从古代的炼金术开始，人类就不断探索物质的组成及规律；到了 19 世纪初，人们已经知道许多无机化合物和少数有机化合物，通过对已有化学物质不断探索，逐渐形成了化合价理论。1803 年，道尔顿(Dalton)提出简单原子结合成复杂原子时有一个简单的整数比关系。例如，1 个原子 A 与 1 个原子 B 会形成 1 个 AB 复杂原子，1 个原子 A 与 2 个原子 B 会形成 AB_2 复杂原子，反应前后原子总数不变。1839 年，杜马斯(Dumas)在采用氯置换乙酸中的氢来制备三氯乙酸时，发现置换后有机化合物的类型不变，于是提出有机化合物的类型理论(theory of type)，把有机化合物分成类氢型、类氯化氢型和类氨型等。1852 年，弗兰克兰(Frankland)在研究金属有机化合物时，发现原子的亲和力总是为相同数目的结合原子所满足，于是提出了化合力(combining power)概念。1857 年，凯库勒(Kekule)提出了原子亲和力的概念，认为某一元素的原子与另一元素的原子相结合时的数目由组成原子的基数(basicity numbers)或亲和力数(affinity numbers)来决定。1858 年，凯库勒发表了著名论文"化合物的组成和变化以及碳的化学本质"，确立了 1 个碳原子等价于 4 个氢原子，即 1 个碳原子最多可同时与 4 个氢原子结合，奠定了原子价理论的基础。1865 年，霍夫曼(Hofmann)在《现代化学导论》中提出化合价的最初始概念："quantivalence"，认为元素有 1、2、3 等不同的量价。1867 年，凯库勒使用了 "valenz" 这个词，得到了欧洲各国的普遍承认和应用，我国早年将其译成原子价，现代化学文献中多译为化合价。

凯库勒认为元素的化合价是元素的基本性质，与其原子量一样是不变的，因此凯库勒的化合价理论有时也称为恒价理论。以氢作为标准，一个原子与氢化合所需要的原子个数，就是该原子化合价，如 F、Cl、Na、K 等为一价，O、S、Ca、Ba 等为二价，N、P、B、Al 为三价，C、Si 为四价。化合物中的原子按等价结合，金属化合价为正，非金属为负。在这一理论中，H、Cl 只能是一价，O、S 只能是二价，N、P 只能是三价，那么对于 H_2、Cl_2 和 NH_4Cl 这些分子则无法解释。1891 年，维尔纳(Werner)在其大学任职资格论文"论亲和力和化合价理论"中，就向凯库勒的恒价学说提出挑战，认为凯库勒的"亲和力是产生于原子中心的吸引力,对原子球的各部分具有相同的作用"是不完全正确的。维尔纳认为元素的化合价依赖于单质原子所形成的化合物的性质,即化合价是可变的。在形成分子的过程中,元素的亲和力不可能完全用尽,还存在不饱和亲和力或剩余亲和力。最终,科学的化合价理论是在对原子结构有了较深入的了解后,由科赛尔(Kossel)和路易斯(Lewis)于 1916 年提出化合价的电子理论(electronic theory of valence),将原子核外电子排布与化合价联系起来,才真正建立起来。

化合价的电子理论认为原子外层轨道失去或得到一定的电子数,可以形成更加稳定的惰性气体电子结构。例如,氧原子的外层轨道为 $2s^22p^4$,p 轨道可以获得 2 个电子,形成 $2s^22p^6$ 的 8 电子稳定结构,因此氧的化合价为–2;而氟原子的外层轨道为 $2s^22p^5$,p 轨道还可以获得 1 个电子,氟的化合价为–1。金属离子可以失去多个电子,形成多种价态。例如,铁的外层电子结构为 $3d^64s^2$,外层轨道 4s 上失去 2 个电子,形成+2 的铁;3d 轨道上的 6 个电子还可以再失去 1 个电子,形成 d^5 的半满稳定结构,因此铁还可以形成+3 价。表 1-1 给出了常见元素的化合价。

表 1-1 常见元素的化合价

元素	符号	化合价	元素	符号	化合价
氢	H	+1	氧	O	–2, –1
锂	Li	+1	硫	S	–2,+4,+6
钾	K	+1	氯	Cl	–1,+1,+3,+5,+7
钠	Na	+1	碳	C	–4,+2,+4
钙	Ca	+2	氮	N	–3,+1,+2,+3,+4,+5
镁	Mg	+2	氟	F	–1
锰	Mn	+2,+4,+6,+7	磷	P	–3,+1,+3,+5
铁	Fe	+2,+3	砷	As	–3,+3,+5
铜	Cu	+1,+2	锌	Zn	+2
钒	V	+3,+5	银	Ag	+1
钴	Co	+2,+3	铅	Pb	+2,+4
镍	Ni	+2,+3	金	Au	+1,+3

根据化合物元素的化合价代数和为零规则,可以写出不同元素相互作用后形成化合物的分子式,如 HCl、H_2O、NaCl、Na_2S、Fe_2O_3、SiO_2 等。然而化合价理论仍存在局限性,例如无法解释 H_2、O_2 等的组成,在这些分子中原子化合价为零,但仍可以形成稳定的分子。用量子力学处理 H_2,解决了两个氢原子之间化学键的本质问题,如图 1-1 所示。将对 H_2 的处理结果推广到其他分子中,形成了以量子力学为基础的共价键理论,即两个电子所在的原子轨道相互重叠,体系能量降低,

形成化学键。

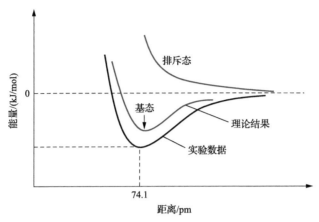

图 1-1 两个氢原子接近时的能量变化曲线

离子键和共价键以外层价电子的作用为主，能够解释大部分常见化学反应，但无法解释络合物的分子结构和作用。1704 年，普鲁士(柏林)染料厂一位名叫迪斯巴赫的工匠用兽皮、兽血和碳酸钠在铁锅中熬煮，制得一种蓝色染料 $KFe[Fe(CN)_6]$。1798 年，法国化学家制得一种完全不同于钴的新型化合物 $CoCl_3 \cdot 6NH_3$。按照常规的化合价理论，该化合物中有钴离子和氨分子存在，应该可以检测到钴和氨。然而发现 $CoCl_3 \cdot 6NH_3$ 加热至 150℃也无 NH_3 放出，加入酸后，没有铵盐生成，加入碱后，也不沉淀出 $Co(OH)_3$，显然该物质不同于传统的化合物。为了解释该化合物的结构，众多学者提出了多种模型都未能成功。19 世纪 50 年代，结构有机化学的创始人凯库勒，根据他的恒价学说，将金属氨化合物看成分子化合物，并认为分子化合物不如原子化合物稳定。但是，一些金属氨络盐具有较强的耐热能力和抗化学试剂能力，分子化合物理论根本无法解释络合物的结构和性质。1869 年，瑞典化学家勃朗斯特兰(Blomstrand)提出金属氨化合物中 NH_3 分子能形成氨链结构的设想，并得到丹麦化学家约根森(Jorgensen)的支持。按照氨链结构理论，金属氨化合物 $CoCl_3 \cdot 6NH_3$ 的结构式如下所示：

$$Co \begin{array}{l} NH_3 \!-\! Cl \\ NH_3 \!-\! NH_3 \!-\! NH_3 \!-\! NH_3 \!-\! Cl \\ NH_3 \!-\! Cl \end{array}$$

氨链理论可以解释金属氨化合物不能电离出三价钴和氨分子的实验现象，但无法解释另一种钴氨化合物 $CoCl_3 \cdot 4NH_3$ 有紫色和绿色两种异构体的现象。金属氨化合物的科学结构直到 1893 年才真正解决，维尔纳摆脱原子化合价理论的束缚，创造性地提出了配位数的新概念。他假设存在两种化合价，即可电离的化合价(主价)和不可电离的化合价(副价)；处于一定氧化态的金属都具有特定的主价数，同时也具有必须得到满足的副价数，即配位数；主价数由阴离子满足，副价数由阴离子或含配位原子的中性分子满足；副价围绕中心原子在空间取向，形成特定的空间结构。维尔纳理论认为配位体与中心原子结合形成络合离子，在溶液中以单独的形式存在。根据这一思想，$CoCl_3 \cdot 6NH_3$ 结构为

$$\left[\begin{array}{c} NH_3 \\ NH_3 \quad NH_3 \\ NH_3 - Co - NH_3 \\ NH_3 \\ NH_3 \end{array} \right]^{3+} 3Cl^-$$

在大量实验数据面前，1899 年 Jorgensen 彻底放弃氨链理论，接受维尔纳的配位理论。由于在配位化学领域的杰出贡献，维尔纳于 1913 年获得诺贝尔化学奖。值得一提的是，维尔纳原来专攻有机化学，并不擅长无机化学。维尔纳就曾将新理论的诞生归功于他强烈的独立意识、不迷信和盲从权威以及对真理的渴求。维尔纳的观点颠覆了经典化合价和结构理论，维尔纳提出配位理论之初，三价钴的八面体构型还只是一个未经证实的假设，直到 1911 年维尔纳的学生 King 成功将 $[Co(en)_2NH_3Cl]X_2$ 拆分出它们的光学对映，才确认了 Co^{3+} 的八面体构型。

1923 年，路易斯(Lewis)提出酸碱电子理论，提出了电子对(碱)和空轨道(酸)的概念；西奇维克(Sidgwick)将该思想应用到配合物，提出配位-共价键的概念。鲍林(Pauling)等于 20 世纪 30 年代提出配合物的价键理论(VBT)，解释了配合物的空间结构问题。1929 年，物理学家贝特(Bethe)提出了晶体场理论(CFT)，对过渡金属配合物的颜色问题进行了合理解释。后来考虑配体的性质，逐渐形成了配位场理论(LFT)以及分子轨道理论(MOT)。价键理论、晶体场理论和分子轨道理论构成了现代配位化学理论体系，并获得广泛应用。

配位化学在化学中具有重要的地位和深远影响，徐光宪认为："配位化学处于现代化学的中心地位，是无机化学和有机化学的桥梁，与生命科学、材料科学、环境科学等一级学科都紧密联系和交叉渗透，是均相和固体表面催化科学的基础，在分析化学、分离化学和环境科学中有广泛应用"。在矿物加工学科中，配位化学是连接浮选药剂(分子)与矿物(晶体)之间的桥梁。只有深入了解浮选药剂分子与矿物表面金属离子的配位作用，才可能对矿物浮选中的各种现象作出正确和深刻的认识。

1.2 价键理论

价键理论(valence bond theory，VBT)是鲍林(Pauling)等在 20 世纪 30 年代提出并逐步发展起来的一种处理方法，又称电子配对法。其理论基础包括路易斯(Lewis)的酸碱电子理论、西奇维克(Sidgwick)的配位-共价键概念以及鲍林的杂

化轨道理论等。

根据鲍林的理论，配合物中心原子和配体之间的化学键有两种：电价配键和共价配键，对应的配合物为电价配合物和共价配合物。电价配合物的中心金属离子和配体之间通过离子-离子或离子-偶极子静电作用结合；共价配合物的中心原子以空轨道接受配体提供的孤对电子形成配位共价键。为了增强成键能力，中心原子所提供的空轨道首先进行杂化，形成能量相同、具有一定空间伸展方向的杂化轨道，然后中心原子的杂化轨道与配位原子的孤对电子轨道在键轴方向重叠成键。杂化轨道的组合方式决定了配合物的配位数和空间构型等，例如，sp 杂化为直线形、sp^2 杂化为平面三角形、sp^3 杂化为四面体、dsp^2 杂化为平面正方形、dsp^3 杂化为三角双锥、d^2sp^3 杂化为八面体等。

1.2.1　轨道杂化类型与空间结构

1. 轨道的空间伸展方向

原子轨道表示电子在空间出现的概率，轨道在空间上的伸展形状代表电子的不同分布状态。从图 1-2 可见，s 轨道呈球形对称，每个方向的伸展程度一样；而 p 轨道呈哑铃形，有三个方向，分别沿着 x、y、z 轴伸展，即 p_x、p_y、p_z；同一亚层中的各个 p 轨道形状相同、半径相同、能量相同，称为简并轨道，即 $p_x = p_y = p_z$。

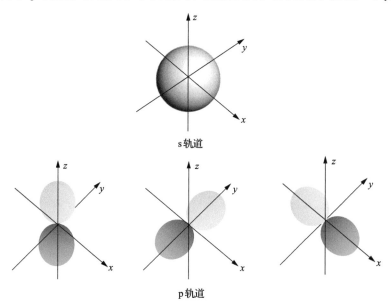

图 1-2　s 轨道和 p 轨道的形状和伸展方向

原子轨道从第三层开始有 d 轨道，d 轨道呈花瓣形，如图 1-3 所示，其中三个轨道分别沿着 x 轴和 y 轴、y 轴和 z 轴以及 x 轴和 z 轴之间伸展，即 d_{xy}、d_{yz}、d_{xz}

轨道，剩下的两个轨道一个在 xy 平面上（$d_{x^2-y^2}$），另一个在 z 轴上（d_{z^2}）。原子轨道从第四层开始有 f 轨道出现，f 轨道有 7 个方向，形状比较复杂，在此不再介绍，感兴趣的读者可以阅读相关文献。

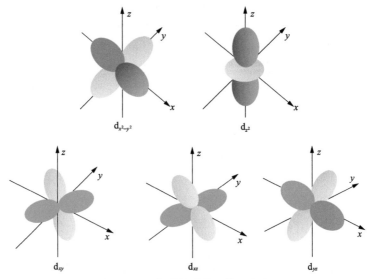

图 1-3   d 轨道的形状和伸展方向

2. 轨道杂化

中心离子为了提供合适的空轨道给配体，能量相近的外层轨道进行杂化，形成杂化轨道。表 1-2 是不同配位数与轨道杂化的关系。

表 1-2   中心离子杂化轨道的类型、配位数与空间结构

杂化轨道类型	参加杂化的原子轨道	配位数	构型	实例
sp	s，p_x	2	直线形	CO_2，$BeCl_2$
sp^2	s，p_x，p_y	3	平面三角形	黄铜矿(112)面，闪锌矿(110)面
sp^3	s，p_x，p_y，p_z	4	四面体	CH_4，闪锌矿，黄铜矿
dsp^2	$d_{x^2-y^2}$，s，p_x，p_y	4	平面正方形	孔雀石
dsp^3	d_{z^2}，s，p_x，p_y，p_z	5	三角双锥	PF_5
dsp^3	$d_{x^2-y^2}$，s，p_x，p_y，p_z	5	四方锥	黄铁矿(100)面
d^2sp^3	$d_{x^2-y^2}$, d_{z^2}，s，p_x，p_y，p_z	6	八面体	$[Fe(H_2O)_6]^{2+}$，黄铁矿，毒砂

sp 型杂化：由 s 轨道和 p_x 轨道通过杂化形成两个等价的 sp 杂化轨道，每个 sp 杂化轨道含有 50% 的 s 成分和 50% 的 p_x 成分。sp 杂化轨道中两个原子轨道之间夹角为 180°，形成直线形结构，如图 1-4 所示。例如气态 $BeCl_2$ 分子，Be 的 1 个

2s 轨道和 1 个 $2p_x$ 轨道杂化，形成 2 个相同的 sp 杂化轨道，分别与 Cl 的 $3p_x$ 轨道沿 x 轴方向成键，形成直线形结构。

　　sp^2 型杂化：由一个 s 轨道和两个 p 轨道（p_x、p_y）杂化形成 3 个等价的 sp^2 杂化轨道，每个杂化轨道含有 1/3 的 s 成分和 2/3 的 p 成分。由于 s 轨道和 p_x、p_y 轨道位于同一平面，因此 sp^2 杂化为平面三角形结构，夹角为 120°，如图 1-5 所示。另外，并非所有的 sp^2 杂化轨道都参与成键，一个轨道可能被一对孤对电子或一个单电子占据，如 NO_2 和 SO_2 分子。

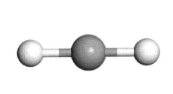

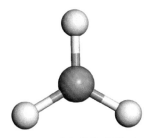

图 1-4　sp 杂化轨道构型　　　　　图 1-5　sp^2 杂化轨道构型

　　sp^3 型杂化：由一个 s 轨道与 p_x、p_y、p_z 三个轨道杂化形成 4 个等价的 sp^3 杂化轨道，每个杂化轨道含有 1/4 的 s 成分和 3/4 的 p 成分。由于 p 轨道的 x、y、z 三个方向都参与杂化，因此 sp^3 杂化轨道呈四面体形状，分别指向四面体的四个顶点，夹角为 109.5°，如图 1-6 所示。典型的 sp^3 杂化分子是甲烷（CH_4），碳原子的一个 s 轨道与三个 p 轨道杂化形成四个相同的 sp^3 杂化轨道，分别与四个氢原子的 1s 轨道成键。闪锌矿晶体也是典型的 sp^3 杂化，形成四面体结构。

　　dsp^2 型杂化：由一个外层或次外层的 d 轨道、一个外层 s 轨道和两个外层 p 轨道杂化，形成四个等价的 dsp^2 杂化轨道。由于是 $d_{x^2-y^2}$、s、p_x、p_y 参与杂化，四个轨道都在 xy 平面上，因此 dsp^2 杂化呈平面正方形，如图 1-7 所示。$[Ni(CN)_4]^{2-}$ 配合物中镍离子的一个 3d 轨道与一个 4s 和两个 4p 轨道杂化，形成四个等价 dsp^2 杂化轨道，与四个 CN^- 在平面成键构成平面正方形。

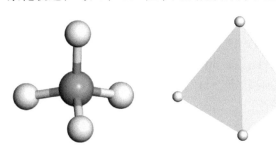

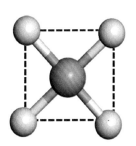

图 1-6　sp^3 杂化轨道构型　　　　　图 1-7　dsp^2 杂化轨道构型

dsp^3 型杂化：由一个外层或次外层的 d 轨道、一个外层 s 轨道以及三个外层 p 轨道杂化形成五个等价 dsp^3 杂化轨道，dsp^3 型杂化结构有两种，一种是四方锥，另一种是三角双锥。图 1-8 是黄铁矿(100)面铁原子的 dsp^3 杂化，为四方锥结构。

d^2sp^3 型杂化：由两个外层或次外层的 d 轨道、一个外层 s 轨道和三个外层 p 轨道杂化形成六个等价的 d^2sp^3 杂化轨道。当中心原子用六个 d^2sp^3 杂化轨道与六个配位原子键合时，形成八面体结构，如图 1-9 所示。黄铁矿(FeS_2)晶体中的铁原子为 d^2sp^3 杂化轨道类型，一个铁原子与六个硫原子形成正八面体结构。

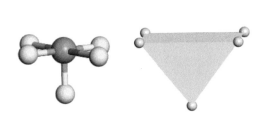 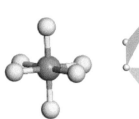 

图 1-8 dsp^3 杂化轨道构型   图 1-9 d^2sp^3 杂化轨道构型

1.2.2 外轨型和内轨型配合物

在参与杂化形成配合物时，轨道是以外层 nd 轨道还是次外层 $(n-1)d$ 轨道参与杂化作用，不仅与中心离子所带电荷和外层电子结构有关，还与配位原子电负性大小有关。对于电负性大的配位原子，如 F、O 等，对电子的吸引作用较强，共用电子对将偏向配位原子，中心离子的内层电子结构受共用电子对扰动较小，中心离子使用外层空轨道进行杂化，形成外轨型配合物。例如 $[Fe(H_2O)_6]^{3+}$，Fe^{3+} 的价电子结构式是 $3d^54s^04p^0$，五个 d 电子排布在 3d 轨道上，4s、4p 和 4d 轨道为空轨道，如图 1-10 所示。

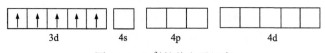

图 1-10 Fe^{3+} 的价电子组态

当 Fe^{3+} 与六个 H_2O 分子作用形成 $[Fe(H_2O)_6]^{3+}$ 时，由于配体氧的电负性较大，共用电子对偏向水分子，对中心离子 Fe^{3+} 的 3d 轨道影响较小，Fe^{3+} 利用 4s、4p 和 4d 空轨道进行杂化，形成 sp^3d^2 杂化轨道，与六个水分子提供的六对孤对电子作用形成外轨型配合物，如图 1-11 所示。

当配位原子的电负性较小时，如 C、S 等，对电子吸引作用较弱，共用电子对偏向中心离子，对中心离子内层轨道影响较大，导致内层轨道电子重排，能量降低，中心离子采用次外层 $(n-1)d$ 轨道与外层 ns、np 轨道杂化，形成内轨型配

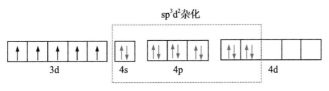

图 1-11 [Fe(H$_2$O)$_6$]$^{3+}$的外轨杂化

合物。例如[Fe(CN)$_6$]$^{3-}$，中心离子 Fe^{3+}的五个电子发生重排，集中到三个内层 3d 轨道，空出的两个 3d 轨道与 4s、4p 轨道杂化形成 d^{2}sp^3 杂化轨道，形成内轨型配合物，如图 1-12 所示。

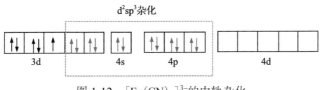

图 1-12 [Fe(CN)$_6$]$^{3-}$的内轨杂化

由于 nd 轨道比 ns、np 轨道能量高得多，外轨型杂化没有内轨型杂化稳定，因此价键理论认为外轨型配合物不如内轨型配合物稳定。另外，外轨型配合物中未成对电子数目多，自旋值较大，称为高自旋配合物；内轨型配合物电子基本成对，自旋值为 0，称为低自旋配合物。例如，黄铁矿就是内轨型配位，铁为低自旋态；而赤铁矿则为外轨型配位，铁为高自旋态。

1.2.3 价键理论的不足

价键理论完全不同于传统化合价理论，采用轨道杂化的方法解决了配位的空间结构和配位数的问题，但是仍保留了键的概念，因此价键理论具有简洁、直观以及容易理解等优点。但是价键模型过于简单，没有考虑配体的影响，仍然存在一系列问题。

1. [Cu(NH$_3$)$_4$]$^{2+}$的结构问题

Cu^{2+}的价电子组态为 3d^{9}4s^{0}4p^0，如图 1-13 所示。

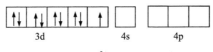

图 1-13 Cu^{2+}的价电子组态

由于 Cu^{2+}的 3d 轨道有 9 个电子，没有空轨道，按照价键理论 Cu^{2+}应该用 1 个 4s 轨道和 3 个 4p 轨道(p$_x$、p$_y$、p$_z$)进行杂化，形成 sp^3 杂化轨道，接受来自氨分子的 4 对孤对电子，如图 1-14 所示。

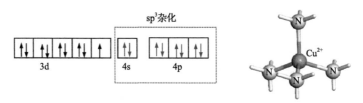

图 1-14 sp^3 杂化的 $[Cu(NH_3)_4]^{2+}$ 电子组态和构型

由于 p_x、p_y、p_z 轨道参与杂化作用，$[Cu(NH_3)_4]^{2+}$ 应该是四面体结构，然而实际上 $[Cu(NH_3)_4]^{2+}$ 是平面正方形结构。按照平面正方形配位结构，Cu^{2+} 应该采取 dsp^2 轨道杂化类型，那就意味着 3d 轨道上的单个电子需要激发到 4p 轨道上，如图 1-15 所示。

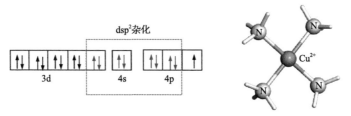

图 1-15 dsp^2 杂化的 $[Cu(NH_3)_4]^{2+}$ 电子组态和构型

按照 dsp^2 轨道杂化，4p 高能级上有一个电子，该电子极不稳定，容易失去，二价铜会变成三价铜，而实际上到目前为止还没有发现三价铜的配合物。因此价键理论无法解释铜氨配合物的结构。

2. 过渡金属水合物的颜色问题

我们知道过渡金属离子的水溶液大多有颜色，如二价铜的水溶液呈蓝色，二价铁呈浅绿色，三价铁呈浅紫色。过渡金属离子水溶液的颜色来自 d 轨道能级跃迁，而根据价键理论，3d 轨道都在同一能级，不可能出现能级跃迁。因此，价键理论无法解释过渡金属离子配合物的颜色问题。

价键理论忽略了配体对中心原子的作用，仅仅考虑配体与中心原子之间的成键，同时价键理论基于基态结构进行讨论，没有涉及配合物的激发态或过渡态性质，因此无法说明配合物的颜色、吸收光谱以及构型畸变等问题。

1.3 晶体场理论

1.3.1 晶体场理论的思想

晶体场理论(crystal field theory，CFT)，是配位作用的三大理论之一。晶体场理论由物理学家汉斯·贝特(Hans Bethe)于 1929 年首先提出，那一年贝特二十三岁，大学刚毕业一年。随后 1935 年范弗莱克(van Vleck)对晶体场理论进行改进，使之适用于共价作用。贝特的主要成就在于核物理和天体物理方面，并于 1967 年获得诺贝尔物理学奖，表彰他在核物理反应方面做出的理论贡献，尤其是解释了恒星产生巨大能量的原因。实际上贝特的晶体场理论对配位化学影响深远，2005 年《德国应用化学》发表的介绍贝特的文章认为，晶体场理论的成就足以获得诺贝尔化学奖。

贝特的晶体场理论最初并不是为了研究化学而提出的，而是为了讨论晶体中相邻原子如何影响金属离子的性质，因此晶体场理论包含更多物理的思想。晶体场理论几乎与价键理论同期产生，但是由于价键理论更容易理解，且可以对多数现象给出简单和直观的解释，更容易被人们接受，因此晶体场理论在相当长一段时间内没有受到人们的重视。直到 20 世纪 50 年代后，随着光谱技术的发展，价键理论的缺陷也逐渐显露出来，难以解释配合物的电子光谱、振动光谱以及许多热力学和动力学性质，一度处于停滞状态的晶体场理论开始受到重视，并迅速发展。

晶体场理论在静电场理论的基础上，结合量子力学和群论的观点，重点研究配体对中心离子 d 轨道的影响。晶体场理论把配位场简化为静电场，认为中心离子处于配体构成的静电场中，中心离子与配体之间的作用类似于离子晶体中的离子键或离子-偶极子作用。晶体场理论的主要思想如下。

(1)把配体看作点电荷，金属离子与配体之间的作用为纯静电作用，包括离子-离子静电作用以及离子-偶极子作用等。

(2)配体产生的静电场使金属离子原来五个相同能级的 d 轨道分裂成不同能级的轨道。

(3)金属离子中的电子在分裂的 d 轨道上重新排布，产生额外的能量，配合物的稳定性提高，该能量称为晶体场稳定化能。

1.3.2　d 轨道能级分裂

1. 正八面体场中的分裂

如图 1-16 所示，正八面体配合物中，六个配体分别位于 $\pm x$、$\pm y$ 和 $\pm z$ 轴上，它们与五个 d 轨道的作用不完全相同。其中 $d_{x^2-y^2}$ 和 d_{z^2} 轨道的极大值正好指向配体，受配体负电荷排斥作用，轨道能量上升；d_{xy}、d_{xz} 和 d_{yz} 轨道的极大值指向两个配体与中心离子连线夹角的中间位置，受配体的作用较小，轨道能量相应地比前两个低。原来五个相同能级的 d 轨道在正八面体场中分裂为两组，参照 O_h 点群的特征，能量较高的 $d_{x^2-y^2}$ 和 d_{z^2} 轨道称为 e_g 轨道，能量较低的 d_{xy}、d_{xz} 和 d_{yz} 轨道称为 t_{2g} 轨道。在这里 e 表示二重简并轨道，t 表示三重简并轨道，g 表示中心对称，1 表示镜面对称(e_g 实际上是 e_{1g})，2 表示镜面反对称。e_g 和 t_{2g} 两组轨道的能量差称为分裂能，用 Δ_0 或 Dq 来表示：

$$\Delta_0 = E(e_g) - E(t_{2g}) \tag{1-1}$$

$$\Delta_0 = 10Dq \tag{1-2}$$

式中，Dq 为分裂能的相对单位。两个 e_g 轨道可容纳 4 个电子，三个 t_{2g} 轨道可容纳 6 个电子，根据 d 轨道分裂前后总能量保持不变，可以得出

$$4E(e_g) + 6E(t_{2g}) = 0 \tag{1-3}$$

根据式（1-1）和式（1-3），可求得

$$E(e_g) = 3/5\Delta_0 = 6Dq$$

$$E(t_{2g}) = -2/5\Delta_0 = -4Dq$$

在正八面体场中 d 轨道分裂的结果：e_g 轨道能量上升了 6Dq，而 t_{2g} 轨道能量下降了 4Dq，如图 1-17 所示。

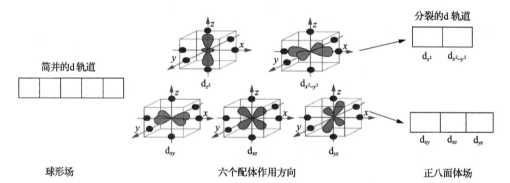

图 1-16　正八面体场作用下中心离子 d 轨道分裂示意图

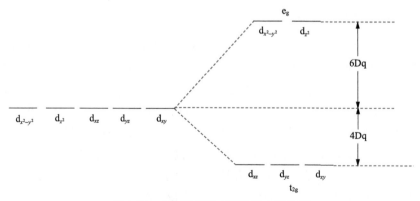

图 1-17　d 轨道在正八面体场中的分裂

从对称性来看，e_g 的两个轨道 $d_{x^2-y^2}$ 和 d_{z^2} 正对着配体，轨道作用为"头碰头"，因此 e_g 为 σ 轨道，e_g 轨道上的电子为 σ 电子。t_{2g} 的三个轨道 d_{xy}、d_{xz} 和 d_{yz} 与配体轨道的关系为"肩并肩"，因此 t_{2g} 为 π 轨道，t_{2g} 轨道上的电子为 π 电子。

2. 正四面体场中的分裂

如图 1-18 所示，在立方体八个顶点上每隔一个顶点放置一个配体，等同于四个配体处在正四面体的四个顶点。此时，$d_{x^2-y^2}$ 和 d_{z^2} 轨道的极大值指向立方体的面心，而 d_{xy}、d_{yz} 和 d_{xz} 轨道的极大值指向立方体棱边的中点，因此前者电子受到配体的排斥作用要比后者小，轨道能量相应较低。在正四面体场中，五个能量相同的 d 轨道分裂成两组，参照 T_d 点群的特征，分别是能量较低的 e 轨道 $d_{x^2-y^2}$ 和 d_{z^2} 轨道，能量较高的 t_2 轨道 d_{xy}、d_{xz} 和 d_{yz} 轨道。正四面体场中，中心离子的 e 轨道和 t_2 轨道都没有像正八面体场中那样直接指向配体，因此受到的排斥作用没有那样强。根据计算，在相同情况下，正四面体场分裂能 Δ_t 为正八面体场 Δ_0 的 4/9，因此：

$$E(t_2)-E(e)=\Delta_t=4/9\Delta_0=4/9\times10Dq \tag{1-4}$$

同理，d 轨道分裂后能量变化为 0，有

$$6E(t_2)+4E(e)=0 \tag{1-5}$$

由式(1-4)和式(1-5)解得

$$E(t_2)=2/5\Delta_t=1.78Dq$$

$$E(e)=-3/5\Delta_t=-2.67Dq$$

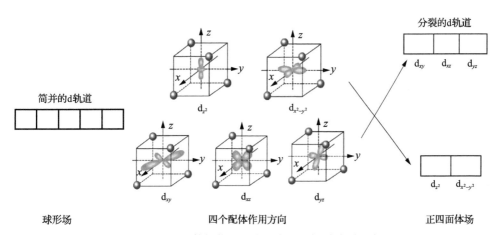

图 1-18　正四面体场作用下中心离子 d 轨道分裂示意图

d 轨道在正四面体场中的能级分裂如图 1-19 所示，t_2 轨道能量上升了 1.78Dq，e 轨道能量下降了 2.67Dq。

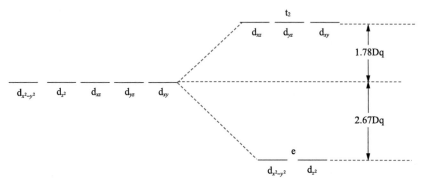

图 1-19　d 轨道在正四面体场中的分裂

从对称性来看，正四面体中 e 的两个轨道 $d_{x^2-y^2}$ 和 d_{z^2} 是纯 π 轨道，t_2 的三个轨道 d_{xy}、d_{xz} 和 d_{yz} 既是 σ 轨道又是 π 轨道。因此，正四面体有五个 π 轨道、三个 σ 轨道，作用比八面体要复杂。

类似的讨论可以获得不同晶体场结构下 d 轨道能级分裂情况，如图 1-20 所示。

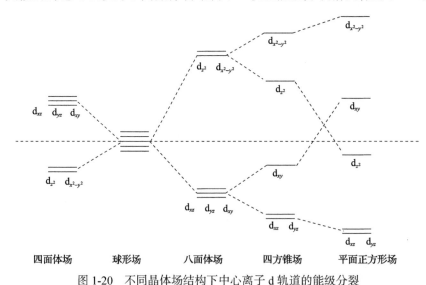

图 1-20　不同晶体场结构下中心离子 d 轨道的能级分裂

3. 分裂能及其影响因素

配合物中，中心离子在周围配体非球形对称场作用下，简并的 d 轨道分裂为不同的能级。分裂后 d 轨道的最高能级与最低能级之间的能量差称为分裂能，用

符号 Δ 表示。分裂能的影响因素主要有以下几方面。

(1)配合物的几何构型：配合物的几何构型不同，对应的分裂能 Δ 也不同。例如，四面体场分裂能为八面体场的 4/9。

(2)中心离子价态：对于相同的配体，同一金属原子的高价离子分裂能比低价离子要高，如水溶液中 Fe^{3+} 与 Fe^{2+} 的分裂能分别为 $14300cm^{-1}$(171.028kJ/mol) 和 $10400cm^{-1}$(124.384kJ/mol)，分裂能增加了约 37%。

(3)配体性质：根据光谱学实验总结，八面体配合物分裂能从小到大顺序如下

$$I^-<Br^-<SCN^-<Cl^-<N_3^-\approx F^-<OH^-<COO^{2-}<H_2O<NCS^-<NH_3$$
$$<NO_2^-<CH_3^-\approx C_6H_5^-<CN^-<CO$$

以上配体的排列顺序称为晶体场配体光谱顺序，排在前面的为弱场配体，排在后面的为强场配体。在讨论同一金属离子与不同配体作用的差异时，经常用配体的光谱顺序来解释配体性质的影响。另外，对于混合配体，可以采用算术平均的方法来计算分裂能。例如 MA_nB_{6-n}，其分裂能参数可由 MA_6 和 MB_6 的 Dq 求出：

$$Dq(MA_nB_{6-n})=\frac{n}{6}Dq(MA_6)+\frac{6-n}{6}Dq(MB_6) \tag{1-6}$$

(4)d 轨道所在周期：对于相同配体，相同电荷的正离子，随着中心离子的周期数增加，分裂能 Δ 呈增大的趋势。一般来说，4d 离子比 3d 离子的分裂能增加 40%左右，5d 离子比 4d 离子分裂能增加 20%～25%。

(5)中心离子和配体间的距离：分裂能 Δ 与中心离子和配体间的距离 R 有如下近似关系：

$$\Delta\approx Aq\frac{r^4}{R^5} \tag{1-7}$$

其中，A 为与配体场有关的常数；q 为配体的电荷；r^4 为 d 轨道半径的四次方的平均值；R 为中心离子与配体间的距离。由上式可见，只要 R 微微减小，就会导致分裂能显著增加，这在机械化学和地幔相变中具有重要意义。压强会导致体积缩小，中心离子与配体间的距离 R 会减小。由于分裂能 Δ 与距离 R 为五次方关系，可以预期分裂能会有较大变化，从而对中心离子性质产生显著影响。

1.3.3　电子的高自旋与低自旋排布

中心离子受配体的静电作用，五个简并态的 d 轨道能级发生分裂，形成不同

能级的轨道。电子总是优先占据能量低的轨道,因此分裂前的 d 轨道电子排布和分裂后的 d 轨道电子排布会有所不同,如图 1-21 所示。

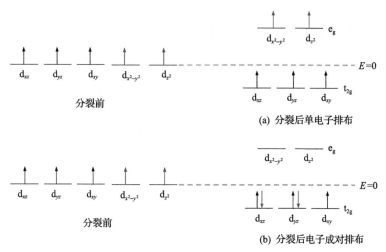

图 1-21　八面体场中 d^5 构型电子的可能排布

从图 1-21 可见,五个电子在分裂前按照泡利(Pauli)不相容原理分别排布在五个能级完全相同的 d 轨道上;在八面体场作用下,d 轨道分裂成 t_{2g} 和 e_g 两组能量不同的轨道,其中 t_{2g} 轨道能量比分裂前低 4Dq,e_g 轨道能量比分裂前高 6Dq。电子优先从低能级 t_{2g} 开始排布,前三个电子分别排在 t_{2g} 的三个轨道上,但是第四和五个电子却有两种选择,一是以单电子的形式排在高能级 e_g 上[图 1-21(a)],二是继续排在低能级上,但会形成两对电子对[图 1-21(b)]。电子选择哪一种排布形式与分裂能和电子成对能有关。

由于电子之间存在静电排斥,故要将原来以自旋平行的方式处在不同轨道上的两个电子,用自旋相反的方式排到同一个轨道上,就需要克服其间的静电排斥,其所需要的能量称为电子成对能,一般用 P 表示,也就是 “pair” 成对的意思。在八面体场中,由于 t_{2g} 有三个轨道,对于 $d^1 \sim d^3$ 构型金属离子的 d 轨道电子排布只有一种,即单电子排布。对于 $d^8 \sim d^{10}$ 构型,高自旋和低自旋的电子排布也相同,电子成对能没有影响。而 $d^4 \sim d^7$ 构型,电子成对能大小影响电子排布方式,一般而言,当分裂能大于电子成对能时,电子成对排列;当分裂能小于电子成对能时,优先单电子排布。

分裂能的大小与配体和空间结构有关。Δ 的值可以由实验测得,一般情况下其范围为 $10000 \sim 40000 \mathrm{cm}^{-1}$。电子成对能与配体无关,可以从理论上计算出来。表 1-3 给出了过渡金属离子电子成对能和与不同配体作用的分裂能。

表 1-3　常见金属离子的成对能与八面体场分裂能（cm⁻¹）

电子态	中心离子	电子成对能 P	不同配体下的分裂能 Δ						
			6Br⁻	6Cl⁻	6F⁻	6H₂O	6NH₃	3en	6CN⁻
$3d^1$	Ti^{3+}				17000	20300			
$3d^2$	V^{3+}					17700			
$3d^3$	V^{2+}					12600			
	Cr^{3+}			13700	15200	17400	21500	21900	26600
$4d^3$	Mo^{3+}			19200					
$3d^4$	Cr^{2+}	20425				13900			
	Mn^{3+}	25215				21000			
$3d^5$	Mn^{2+}	23825			7500	8500		10100	约30000
	Fe^{3+}	29875			11000	14300			
$3d^6$	Fe^{2+}	19150				10400			32800
	Co^{3+}	23625			13000	20700	22900	23200	34800
$4d^6$	Rh^{3+}		18900	20400		27000	34000	34600	45500
$5d^6$	Ir^{3+}		23100	27600			40000	41200	
	Pt^{4+}		24000	29000					
$3d^7$	Co^{2+}	20800				9300	10100	11000	
$3d^8$	Ni^{2+}			7000	7500	8500	10800	11500	
$3d^9$	Cu^{2+}					12000	15100	15400	

注：1000cm⁻¹=11.96kJ/mol。

从表 1-3 数据可见，对于水分子配体，分裂能都小于电子成对能，因此水合金属离子都是高自旋态；对于氰根离子，分裂能都比电子成对能大，因此金属离子与氰根离子的配合物都是低自旋态。分裂能大于电子成对能的配体称为强场配体，如 CN^-、CO 等；分裂能小于电子成对能的配体称为弱场配体，如 H_2O、NH_3、OH^- 等。

1.3.4　姜-泰勒效应和结构畸变

在正八面体场中，d 轨道分裂成 e_g 和 t_{2g} 能量不同的两组轨道。对于 d^9 构型的 Cu^{2+}，其电子排布为 $(t_{2g})^6(e_g)^3$，此时三个电子在 e_g 轨道上会出现不对称的排列，如图 1-22 所示。

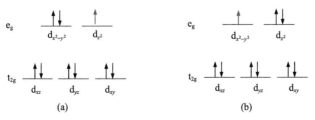

图 1-22　Cu^{2+} 的 d 电子在 e_g 轨道上两种不同排布

一种情况是两个电子占据 $d_{x^2-y^2}$ 轨道，剩下的一个电子占据 d_{z^2} 轨道，如图 1-22(a)所示；另一种情况是两个电子占据 d_{z^2} 轨道，剩下的一个电子占据 $d_{x^2-y^2}$ 轨道，如图 1-22(b)所示。由于 d_{z^2} 轨道分布在 z 轴上，$d_{x^2-y^2}$ 轨道分布在 xy 平面上，电子在 d_{z^2} 轨道和 $d_{x^2-y^2}$ 轨道上分布不均匀，导致在 z 轴和 xy 方向上的电子密度不同。前面讲过晶体场理论是建立在纯静电作用的基础上，电子与电子之间为排斥作用，电子和空轨道之间为吸引作用。因此，电子密度大的方向上配体受到电子排斥作用也会比较大。当两个电子占据 d_{z^2} 轨道时，z 方向上配体被排斥，与中心离子距离拉长，正八面体畸变为拉伸八面体，如图 1-23(c)所示；当两个电子占据 $d_{x^2-y^2}$ 轨道时，xy 方向上配体被排斥，正八面体畸变为压缩八面体，如图 1-23(a)所示。

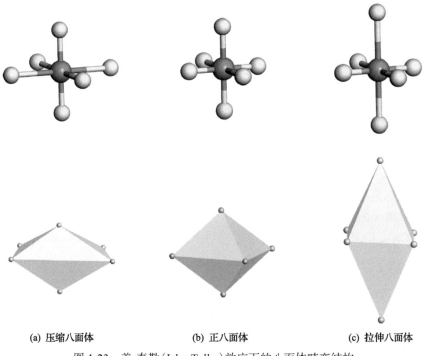

(a) 压缩八面体　　　　　　(b) 正八面体　　　　　　(c) 拉伸八面体

图 1-23　姜-泰勒(Jahn-Teller)效应下的八面体畸变结构

三个电子排布在 e_g 轨道的 $(d_{x^2-y^2})^2(d_{z^2})^1$ 或者 $(d_{x^2-y^2})^1(d_{z^2})^2$ 概率应该相同，但实际上，拉伸八面体更容易形成，这是因为一旦畸变成拉伸八面体后，e_g 轨道能级发生分裂，d_{z^2} 轨道能级降低，电子对更容易填充在 d_{z^2} 轨道上，从而增强了拉伸八面体的稳定性。由于 z 方向上两个配体相距比较远，拉伸八面体显得像平面正方形，如 Cu^{2+} 的络合物，经常被看作平面正方形结构，实际上是拉伸八面体。

另外，姜-泰勒效应也可以用来解释 d^8 构型金属离子配合物的结构畸变问题，如 $(t_{2g})^6(e_g)^2$ 构型的 Ni^{2+}、Pd^{2+}、Pt^{2+} 容易形成低自旋的平面正方形配合物，其原因是当两个 e_g 电子排布变成 $(d_{x^2-y^2})^0(d_{z^2})^2$ 时，z 轴方向上配体所受到的斥力大于 x 轴、y 轴方向，形成拉伸八面体。

1.3.5　晶体场稳定化能

电子从分裂前的简并态 d 轨道填入分裂后的 d 轨道，所产生的总能量下降值称为晶体场稳定化能，以 CFSE 表示。CFSE 值越负，则对应的配合物越稳定。根据配合物的几何构型、t_{2g} 和 e_g 的相对能量以及 d 电子数，就可计算出晶体场稳定化能。不考虑电子成对能条件下，不同对称场中过渡金属离子的晶体场稳定化能见表 1-4。

表 1-4　不同对称场中过渡金属离子的晶体场稳定化能

d^n	弱场 CFSE/Dq			强场 CFSE/Dq		
	八面体	四面体	正方形	八面体	四面体	正方形
d^0	0	0	0	0	0	0
d^1	−4	−2.67	−5.14	−4	−2.67	−5.14
d^2	−8	−5.34	−10.28	−8	−5.34	−10.28
d^3	−12	−3.56	−14.56	−12	−8.01	−14.56
d^4	−6	−1.78	−12.28	−16	−10.68	−19.70
d^5	0	0	0	−20	−8.90	−24.84
d^6	−4	−2.67	−5.14	−24	−6.12	−29.12
d^7	−8	−5.34	−10.28	−18	−5.34	−26.84
d^8	−12	−3.56	−14.56	−12	−3.56	−24.56
d^9	−6	−1.78	−12.28	−6	−1.78	−12.28
d^{10}	0	0	0	0	0	0

下面以八面体场为例，对晶体场稳定化能的计算进行说明。八面体配合物 d 电子排布式为 $(t_{2g})^m(e_g)^n$，m 和 n 分别表示 t_{2g} 轨道和 e_g 轨道上所排布的电子数，则晶体场稳定化能为

$$CFSE = mE(t_{2g}) + nE(e_g) \tag{1-8}$$

由于 t_{2g} 和 e_g 轨道上单个电子相对能量分别为 −4Dq 和 6Dq，则由式 (1-8) 可得

$$CFSE=(-4m+6n)Dq \tag{1-9}$$

例如低自旋态的$[Fe(CN)_6]^{3-}$，中心离子的 d 电子数为 5，d 电子排布式为$(t_{2g})^5(e_g)^0$，$m=5$，$n=0$，则$[Fe(CN)_6]^{3-}$的晶体场稳定化能为

$$CFSE=(-4\times5+6\times0)Dq=-20Dq$$

但是，对于高自旋$[Fe(H_2O)_6]^{3+}$，中心离子的 d 电子数为 5，d 电子排布式为$(t_{2g})^3(e_g)^2$，则$[Fe(H_2O)_6]^{3+}$的晶体场稳定化能：

$$CFSE=(-4\times3+6\times2)Dq=0$$

1.3.6　晶体场理论的应用

1. 离子水合热的双峰现象

水合作用过程是金属离子与水分子之间的静电作用，这一过程为放热反应。根据理论模型，离子半径越小，水分子和离子之间的静电作用越大，因此理论上第一过渡系二价金属离子的水合热应该随着离子半径的减小而递增。然而实验结果显示，第一过渡系二价金属离子的水合热曲线并不像理论预测那样直线上升，而是呈现"双峰"变化，如图 1-24 所示。按照晶体场理论，电子在分裂的 d 轨道中排布会产生额外的晶体场稳定化能，增强了金属离子水合物的稳定性；过渡金属离子的晶体场稳定化能变化情况正好吻合水合热的双峰变化，如图 1-25 所示。因此通过对"双峰线"进行修正，减去晶体场稳定化能，即获得图中的理论线。

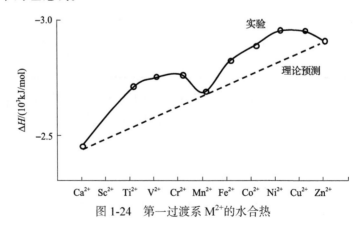

图 1-24　第一过渡系 M^{2+} 的水合热

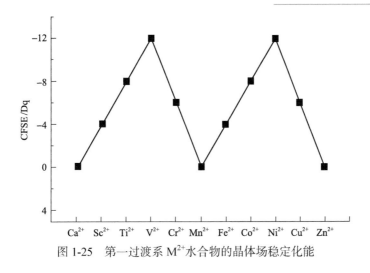

图 1-25　第一过渡系 M^{2+} 水合物的晶体场稳定化能

2. 配合物的磁性问题

在不考虑轨道磁矩的条件下，自旋磁矩的计算公式如下：

$$\mu_s = \sqrt{n(n+2)} \tag{1-10}$$

式中，μ_s 为自旋磁矩，单位为玻尔磁子 B.M.；n 为单电子数。对于 $[Co(NO_2)_6]^{4-}$ 配合物，Co^{2+} 的电子构型为 d^7，按照泡利不相容原理，应该有三个单电子；按照式(1-10)计算出 $[Co(NO_2)_6]^{4-}$ 的磁矩应该为 3.87，实际上只有 1.8，相当于轨道上只有 1 个单电子，传统价键理论无法解释。按照晶体场理论，在配体的光谱序列中，NO_2^- 属于强场配体，Co^{2+} 的电子为低自旋排布：

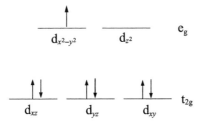

因此 Co^{2+} 只有 1 个单电子，根据式(1-10)计算出来的自旋磁矩为 1.73，和实验值 1.8 接近。另外，式(1-10)仅考虑了电子自旋磁矩，没有考虑轨道自旋磁矩，因此计算值会比实验值稍小。采用晶体场理论也很容易解释黄铁矿和黄铜矿的磁性问题，黄铁矿为八面体强场，铁为低自旋态，磁矩为 0；而黄铜矿为四面体场，是弱场，铁为高自旋态，磁矩不为 0。表 1-5 给出了八面体场中金属离子的电子排布与磁矩的关系。

表 1-5　在八面体络合物中 d 电子的排布情况

d 电子数	弱场中的排布				强场中的排布			
	t_{2g}	e_g	n	μ	t_{2g}	e_g	n	μ
1	↑	—	1	1.73	↑	—	1	1.73
2	↑ ↑	—	2	2.83	↑ ↑	—	2	2.83
3	↑ ↑ ↑	—	3	3.87	↑ ↑ ↑	—	3	3.87
4	↑ ↑ ↑	↑	4	4.90	↑↓ ↑ ↑	—	2	2.83
5	↑ ↑ ↑	↑ ↑	5	5.92	↑↓ ↑↓ ↑	—	1	1.73
6	↑↓ ↑ ↑	↑ ↑	4	4.90	↑↓ ↑↓ ↑↓	—	0	0.00
7	↑↓ ↑↓ ↑	↑ ↑	3	3.87	↑↓ ↑↓ ↑↓	↑	1	1.73
8	↓↑ ↑↓ ↑↓	↑ ↑	2	2.83	↑↓ ↑↓ ↑↓	↑ ↑	2	2.83
9	↑↓ ↑↓ ↑↓	↓↑ ↑	1	1.73	↑↓ ↑↓ ↑↓	↑↓ ↑	1	1.73

注：n 为单电子数；μ 为理论磁矩（B.M.）。

3. 配合物结构与稳定性关系

价键理论可以很好地解释配合物的结构，但是无法判断哪一种构型更加稳定。晶体场理论考虑了配体和金属离子之间的作用，可以用晶体场稳定化能来判断结构的稳定性。根据表 1-4 中晶体场稳定化能结果，除了 d^0、d^5、d^{10} 的晶体场稳定化能为零外，其他构型的离子在八面体弱场中的晶体场稳定化能都比四面体更大，说明八面体结构比四面体结构要稳定，自然界也多以八面体构型为主。d^0、d^5、d^{10} 三种结构的离子需要在合适的条件下才能形成四面体配合物，如 d^0 构型的 $TiCl_4$、$ZrCl_4$、$HfCl_4$，d^5 构型的 $[FeCl_4]^-$，d^{10} 构型的 $[Zn(NH_3)_4]^{2+}$、$[Cd(CN)_4]^{2-}$、$[HgI_4]^{2-}$ 等。

4. 过渡金属配合物的颜色问题

在晶体场理论提出以前，传统理论无法解释过渡金属离子水合物的颜色问题。例如，钙离子和锌离子水溶液没有颜色，而其他第一过渡系金属离子，如钛离子、钒离子、锰离子、铁离子、铬离子、铜离子、镍离子、钴离子等都有颜色。按照晶体场理论，在水分子配体的作用下，过渡金属离子 d 轨道分裂成两组：t_{2g} 和 e_g，在可见光的照射下，电子在 t_{2g} 和 e_g 之间发生 d-d 跃迁。钙离子为 d^0 构型，d 轨道上没有电子，不发生跃迁；锌离子为 d^{10} 构型，d 轨道为全充满状态，也不能发生电子跃迁，因此钙离子和锌离子的水溶液都没有颜色。而其他过渡金属离子 d 轨道都是未充满状态，在可见光的照射下，都可以吸收光子发生 $t_{2g} \rightarrow e_g$ 的电子跃迁。电子在晶体场中发生 d-d 跃迁现象为测量分裂能提供了一种方法，即光谱法，这也是目前分裂能经常用光谱单位波数来表示的原因。

1.3.7　晶体场理论的改进

　　晶体场采用纯粹的静电物理模型来研究金属离子与配体的作用，提出了 d 轨道分裂以及晶体场稳定化能等概念，在解释配合物的结构、热力学性质、磁性以及吸收光谱等方面取得极大的成功。但是晶体场理论模型过于简单，把配体简化为点电荷或者偶极子，完全忽略了配体与中心离子间的电子云重叠作用，因此不能合理地解释强共价结合，特别是含 π 键配合物。同时，晶体场理论无法对光谱化学序列作出合理解释。例如，按照晶体场理论，负离子配体对 d 轨道的影响应该远大于中性分子，它们应当位于光谱序列的后端。然而事实上，I^-、Br^-、Cl^-、F^-等都位于光谱序列的前端，属于弱场配体。此外，对于特殊低价配合物，如 $Ni(CO)_4$、$Fe(CO)_5$ 等，晶体场理论也不适用。

　　晶体场理论的缺陷主要是完全没有考虑配体与中心离子的共价作用，实际上，根据核磁共振和顺磁共振的研究结果，在配体的原子核周围存在一定量的中心离子电子密度。例如典型的离子型配合物$[FeF_6]^{3-}$，配体 F 周围仍然有 2%～5%的铁离子电子密度；对于$[IrCl_6]^{2-}$配合物，Ir^{4+}的 d 电子云有 30%是离域的。这些测试结果表明，配体与中心离子之间的作用或多或少都包含部分共价键成分。共价作用结果导致轨道重叠增大，d 电子离域性增强，d 电子运动范围的扩大会使 d 电子间排斥减小。电子成对能由拉卡(Racah)电子互斥参数 B、C 来确定，因此调节这些参数的值，就相当于考虑了共价作用。自由金属离子的 Racah 参数 B 可以通过发射光谱测定，配合物中金属离子的 Racah 参数 B' 可以通过吸收光谱来测定。常见离子的 Racah 参数 B 和 B' 见表 1-6。

表 1-6　自由金属离子的 B 值和八面体配合物 ML_6 的中心金属离子的 B' 值(cm^{-1})

金属离子	自由金属离子的 B	八面体配合物中心金属离子的 B'							
		Br^-	Cl^-	$C_2O_4^{2-}$	H_2O	EDTA	NH_3	en	CN^-
Cr^{3+}	950		510	640	750	720	670	620	520
Mn^{2+}	850				790	760		750	
Fe^{3+}	1000				770				
Co^{3+}	1000			560	720	660	660	620	440
Rh^{3+}	800	300	400		500		460	460	
Ir^{3+}	660	250	300						
Co^{2+}	1030				970	940			
Ni^{2+}	1130	760	780		940	870	890	840	

注：$1000cm^{-1}=11.96kJ/mol$。

Jorgenson 提出用 β 来表征 B' 相对于 B 减小的程度：

$$\beta = \frac{B'}{B} \tag{1-11}$$

按照 β 值减小的趋势排成一个序列，该序列称为"电子云扩展序列"：

$$F^- > H_2O > CO(NH_2)_2 > NH_3 > C_2O_4^{2-} \approx en > NCS^- > Cl^- \approx CN^- > Br^-$$
$$> (C_2H_5O)_2PS_2^- \approx S^{2-} \approx I^- > (C_2H_5O)_2PSe_2^-$$

β 值越大，B' 减小的程度越小，电子排斥作用减少得也就较小，共价作用不明显；β 值越小，B' 减小的程度越大，电子排斥作用减少得较大，电子伸展性增强，共价作用越显著。这个序列与配位原子的电负性大小一致，即 β 越大，对应的配体电负性也越大，共价性越弱。因此，电子云扩展序列能够很好地表征中心离子与配体之间形成共价键的趋势。

改进的晶体场理论在解释配合物吸收光谱方面取得了成功，但当金属离子和配体的轨道重叠很大时，特别是零价和负价金属配合物，就需要用分子轨道来处理。早在 1935 年范弗莱克就提出用分子轨道的方法来解释过渡金属离子的共价性和磁性，但没有引起研究者足够的重视。直到 20 世纪 50 年代随着光谱学、深度催化作用以及能谱技术等的发展，人们才开始认识到晶体场理论的重要性，并逐渐形成了改进的晶体场理论——配位场理论(LFT)。配位场理论更接近配位键的本质，同时又保留了晶体场简单直观的模型和计算方法，已经成为配位化学的重要组成部分。

1.4　配合物的分子轨道理论

1.4.1　分子轨道理论

分子轨道理论认为配合物中心原子与配体之间的作用是共价键，该键由中心原子的轨道和配体的原子轨道经过线性组合而成。电子在组成的分子轨道上运动，电子按照分子轨道能级从低到高依次填入。原子轨道组合成分子轨道应满足以下三个条件，即"成键三原则"。

（1）对称性匹配原则：只有对称性匹配的原子轨道才能组合成分子轨道，这是成键的必要条件。

（2）能级相近原则：能量相近的原子轨道才能组合成有效的分子轨道。

（3）轨道最大重叠原则：对称性匹配的两个原子轨道重叠程度越大，成键作用越强。

由于原子的内层轨道为全充满状态，这些内层原子轨道形成的分子轨道也处于全充满状态，成键与反键作用的能量变化相互抵消，对配体和中心原子的作用没有影响，一般不考虑。因此在原子轨道线性组成分子轨道时，只考虑原子的价电子轨道。原子轨道线性组合成分子轨道的过程主要有三个步骤。

（1）找出组成分子的各原子的价电子轨道，并按对称性分类。

（2）按照对称性匹配的原则对原子轨道进行线性组合。

（3）按照组合成的分子轨道能量高低顺序画出分子轨道能级图，按照能量最低原理、泡利（Pauli）不相容原理以及洪德（Hund）规则逐一填入电子。

1.4.2 正八面体场配合物的分子轨道

1. σ 键作用

为了确定轨道的空间方向，首先需要对正八面体场配合物进行坐标定义，六个配体与金属离子的空间关系如图 1-26 所示。

以过渡金属离子 M^{2+} 为例，中心离子的价电子轨道为 3d、4s 和 4p 轨道。根据 O_h 群的特征表，中心离子的九个价轨道对称性标记如下：

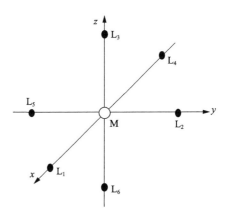

$$s: \quad a_{1g}$$

$$p_x, p_y, p_z: \quad t_{1u}$$

$$d_{x^2-y^2}, d_{z^2}: \quad e_g$$

$$d_{xy}, d_{xz}, d_{yz}: \quad t_{2g}$$

图 1-26 正八面体场配体坐标

其中，在正八面体场中 d_{xy}、d_{yz}、d_{xz} 轨道不指向配体，不能形成 σ 分子轨道，称为非键轨道。因此，金属离子只有 a_{1g}、t_{1u} 和 e_g 三组对称群轨道参与成键，称为成键轨道。

每个配体提供一个价轨道，记作 σ_1、σ_2、$\cdots$、σ_6，σ 轨道可以是原子轨道也可以是分子轨道，如 F^- 为 $2p_x$ 原子轨道，H_2O 为 sp^3 杂化轨道，N_2 为 $3\sigma_g$ 分子轨道。六个配体的轨道必须和金属离子的轨道对称性一致，才能组合成有效的分子轨道。由于单个配体的原子轨道对称性和金属离子的价电子层轨道不一致，需要按照中心离子的对称性进行线性组合，形成六个新的对称性匹配的轨道。

（1）根据中心离子 s 轨道的对称性形态 a_{1g}，可以将六个配体轨道线性组合为对称性匹配的轨道 φ_s：

$$\varphi_s = \frac{1}{\sqrt{6}}(\sigma_1 + \sigma_2 + \sigma_3 + \sigma_4 + \sigma_5 + \sigma_6) \tag{1-12}$$

(2)根据中心离子 p_x、p_y、p_z 轨道的对称形态 t_{1u}，将六个配体轨道分别组合成对称性匹配的轨道 φ_{p_x}、φ_{p_y} 和 φ_{p_z}：

$$\varphi_{p_x} = \frac{1}{\sqrt{2}}(\sigma_1 - \sigma_4) \tag{1-13}$$

$$\varphi_{p_y} = \frac{1}{\sqrt{2}}(\sigma_2 - \sigma_5) \tag{1-14}$$

$$\varphi_{p_z} = \frac{1}{\sqrt{2}}(\sigma_3 - \sigma_6) \tag{1-15}$$

(3)根据中心离子 $d_{x^2-y^2}$、d_{z^2} 轨道的对称形态 e_g，将六个配体轨道分别组合成对称性匹配的轨道 $\varphi_{d_{x^2-y^2}}$ 和 $\varphi_{d_{z^2}}$：

$$\varphi_{d_{x^2-y^2}} = \frac{1}{2}(\sigma_1 + \sigma_4 - \sigma_2 - \sigma_5) \tag{1-16}$$

$$\varphi_{d_{z^2}} = \frac{1}{2\sqrt{3}}(2\sigma_3 + 2\sigma_6 - \sigma_1 - \sigma_4 - \sigma_2 - \sigma_5) \tag{1-17}$$

由配体轨道按照金属离子轨道对称形态线性组合得到的轨道称为配体的群轨道。上面一共给出了三组六个群轨道，和金属离子一样，同样标记为 a_{1g}、t_{1u} 和 e_g。

按照相同对称性对配体和中心离子 σ 轨道进行组合，结果见表 1-7。中心离子 s 轨道与 6 个配体的 σ 轨道线性组合成的群轨道对称类别相同，属于对称类别

表 1-7 正八面体配合物的 σ 分子轨道组成

对称类别	中心离子轨道	配体群轨道	分子轨道		
			成键	反键	非键
a_{1g}	s	$\frac{1}{\sqrt{6}}(\sigma_1 + \sigma_2 + \sigma_3 + \sigma_4 + \sigma_5 + \sigma_6)$	a_{1g}	a_{1g}^*	
t_{1u}	p_x	$\frac{1}{\sqrt{2}}(\sigma_1 - \sigma_4)$	t_{1u}	t_{1u}^*	
	p_y	$\frac{1}{\sqrt{2}}(\sigma_2 - \sigma_5)$			
	p_z	$\frac{1}{\sqrt{2}}(\sigma_3 - \sigma_6)$			
e_g	$d_{x^2-y^2}$	$\frac{1}{2}(\sigma_1 + \sigma_4 - \sigma_2 - \sigma_5)$	e_g	e_g^*	
	d_{z^2}	$\frac{1}{2\sqrt{3}}(2\sigma_3 + 2\sigma_6 - \sigma_1 - \sigma_4 - \sigma_2 - \sigma_5)$			
t_{2g}	d_{xy}、d_{yz}、d_{xz}				t_{2g}

a_{1g}，因而可组合成一个能量较低的成键轨道 a_{1g} 和一个能量较高的反键轨道 a_{1g}^*。中心离子的 p_x、p_y、p_z 轨道与配体的 t_{1u} 群轨道组合，形成 t_{1u} 成键和 t_{1u}^* 反键轨道。$d_{x^2-y^2}$ 和 d_{z^2} 轨道与配体的 e_g 群轨道组合形成 e_g 成键和 e_g^* 反键轨道；中心离子的 d_{xy}、d_{yz}、d_{xz} 轨道与配体作用方向不一致，不能形成 σ 分子轨道，若不考虑 π 键，则是一组非键轨道。图 1-27 为不考虑 π 键时，正八面体配合物 σ 键分子轨道能级。

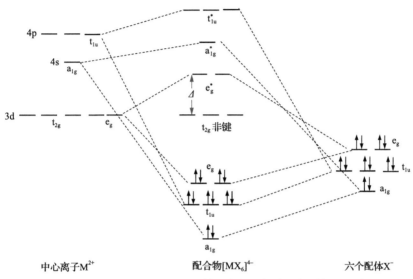

图 1-27   不考虑 π 键时，正八面体配合物 σ 键分子轨道能级示意图

由于配体的能级比金属离子更低，配体的六对电子优先填入 a_{1g}、t_{1u}、e_g 成键轨道，金属离子 d 电子只能填入 t_{2g} 非键轨道和 e_g^* 反键轨道。很显然，在没有其他假设的条件下，分子轨道理论自然得出了正八面体场下金属离子 d 轨道分裂成两组的结论。t_{2g} 非键轨道和 e_g^* 反键轨道之间的能量差就是分裂能 Δ，从图 1-27 可见 Δ 值与配体有关，配体与金属离子成键作用越强，e_g^* 反键轨道越高，Δ 也就越大。

2. π 键作用

如果配体中包含对称类别的 t_{2g} 群轨道，那么就可以和中心离子的 t_{2g} 轨道组合形成 π 轨道。配体和中心离子间的 π 键作用主要包含以下两类。

1）第一类 π 键

此类配合物中，具有 t_{2g} 对称性的配体 π 群轨道是由配体分子的空 π 轨道线性组合而成的。配体 π 群轨道是空的，能量高于中心离子 t_{2g} 轨道，如图 1-28 所示。当组成分子轨道时，中心离子的 t_{2g} 轨道和配体的 t_{2g} 轨道对称性匹配，形成 π 键轨道，金属离子的 d 电子填入 t_{2g} 轨道和 e_g^* 轨道。由于 t_{2g} 成键轨道能级降低，e_g^* 和 t_{2g} 之间的分裂能比没有 π 键作用的分裂能增大了，这类配体为强场配体。

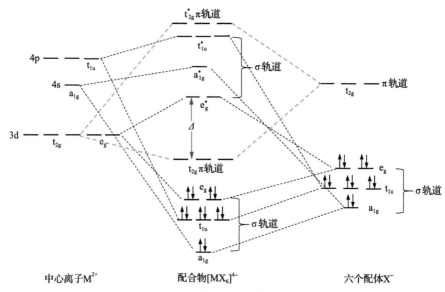

图 1-28　正八面体场分子轨道第一类 π 键作用能级示意图

2) 第二类 π 键

当配体的 π 轨道被电子占据时，且能量比中心离子低，如图 1-29 所示，t_{2g} 成键轨道被配体 π 电子占据，中心离子的 d 电子只能占据能级较高的 t_{2g}^* 和 e_g^* 反键轨道。由于 t_{2g}^* 反键轨道能量高于成键前的轨道，因此 t_{2g}^* 和 e_g^* 之间的分裂能较小，此类配体为弱场配体。

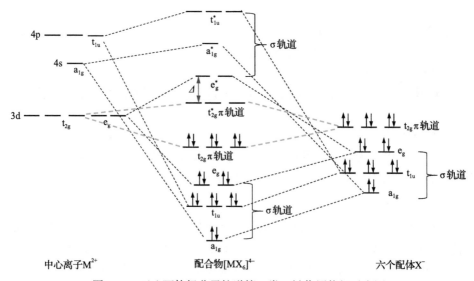

图 1-29　正八面体场分子轨道第二类 π 键作用能级示意图

从前面的讨论可见，考虑配体的 π 键作用，很自然就能够获得强场配体和弱场配体的概念。一般来说，能够提供空 π 轨道，且与中心离子形成反馈 π 键的配体为强场配体，主要有 R_3P、R_3As、R_2S、CO、CN^- 等；能够与中心离子形成 π 轨道，且 π 轨道被配体电子占据，此类配体为弱场配体，如 F^-、Cl^-、Br^-、I^-、OH^-、H_2O 等。

另外，有些配体中含有两种 π 轨道，既有空 π 轨道，也有充满的 π 轨道。可以分为两种情况，第一种：两类 π 轨道之间没有直接关系，空 π 轨道来自外层 d 轨道，充满的 π 轨道由价层 p 轨道提供，如 Cl^- 和 Br^- 配体；第二种：空的和充满的 π 轨道分别来自反键和成键的 pπ 分子轨道，此类配合物有 CN^-、NO_2^- 等。此时，判断哪一种 π 轨道更有优势取决于两种 π 轨道与中心离子 t_{2g} 轨道的相互作用。

1.4.3   正四面体场配合物的分子轨道

正四面体场配合物 $[MX_4]^{2-}$ 的分子轨道组成处理方法与正八面体场配合物类似，四个配体与中心离子的坐标如图 1-30 所示。

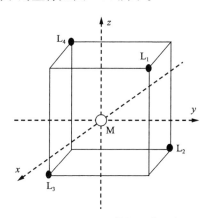

图 1-30   正四面体场配体坐标

中心离子的 3d、4s、4p 价轨道按照 T_d 群的特征标记如下：

$$s: a_1$$

$$d_{x^2-y^2}, d_{z^2}: e$$

$$p_x, p_y, p_z, d_{xy}, d_{xz}, d_{yz}: t_2$$

按照中心离子轨道的对称性，对配体轨道进行线性组合，结果见表 1-8。由表可见 a_1 是纯 σ 轨道，e 是纯 π 轨道，t_2 既是 σ 轨道又是 π 轨道，因此四面体场的分子轨道作用比较复杂，不如八面体场那样清晰。

表 1-8 四面体场中心离子价轨道和配体的 σ 群轨道和 π 群轨道

对称性	中心离子轨道	配体群轨道
a_1	s	$\dfrac{1}{2}(\sigma_1 + \sigma_2 + \sigma_3 + \sigma_4)$
	p_x	$\dfrac{1}{2}(\sigma_1 + \sigma_3 - \sigma_2 - \sigma_4)$
	p_y	$\dfrac{1}{2}(\sigma_1 + \sigma_2 - \sigma_3 - \sigma_4)$
	p_z	$\dfrac{1}{2}(\sigma_1 + \sigma_4 - \sigma_2 - \sigma_3)$
t_2	d_{xy}	$-\dfrac{1}{2}(\pi_{x_1} + \pi_{x_2} + \pi_{x_3} + \pi_{x_4})$
	d_{xz}	$\dfrac{1}{4}(\pi_{x_1} + \pi_{x_2} - \pi_{x_3} - \pi_{x_4}) + \sqrt{3}(\pi_{y_3} + \pi_{y_4} - \pi_{y_1} - \pi_{y_2})$
	d_{yz}	$\dfrac{1}{4}(\pi_{x_1} + \pi_{x_3} - \pi_{x_2} - \pi_{x_4}) + \sqrt{3}(\pi_{y_1} + \pi_{y_3} - \pi_{y_2} - \pi_{y_4})$
e	$d_{x^2-y^2}$	$\dfrac{1}{2}(\pi_{y_1} + \pi_{y_4} - \pi_{y_2} - \pi_{y_3})$
	d_{z^2}	$\dfrac{1}{2}(\pi_{x_1} + \pi_{x_4} - \pi_{x_2} - \pi_{x_3})$

下面简单介绍四面体场的分子轨道，图 1-31 是 π 轨道不参与成键的情况。由图可见，四个配体的轨道与中心离子的 a_1 和 t_2 轨道发生作用，形成 a_1 和 t_2 成键轨道，a_1^*、t_1^* 和 t_2^* 反键轨道以及 e 非键轨道。配体的四对电子填充在 a_1 和 t_2 成键轨道

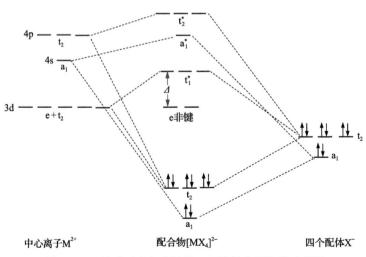

图 1-31 π 轨道不参与成键的四面体场分子轨道示意图

上，中心离子 d 电子填充在 e 非键轨道和 t_1^* 反键轨道上。配体的 t_2 轨道和中心离子 3d 的 t_2 轨道作用比较弱，因此反键 t_1^* 能级升高程度不大，非键轨道 e 和反键 t_1^* 之间的能级差较小，即分裂能 Δ 较小。

对于有 π 键作用的四面体场轨道能级示意图见图 1-32，从图可见 π 键的作用对 d 轨道的分裂能 Δ 的影响比较复杂，需要考虑多种作用才能厘清分裂能的变化。

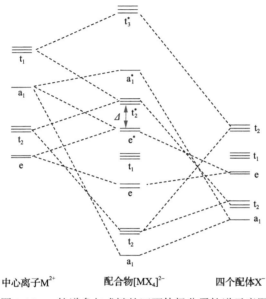

中心离子 M^{2+}　　　　配合物 $[MX_4]^{2-}$　　　　四个配体 X^-

图 1-32　π 轨道参与成键的四面体场分子轨道示意图

四面体场和八面体场的区别主要有两点：一是四面体场的分裂能比较小，只有八面体场的 4/9；二是四面体场中 e 是纯 π 轨道，t_2 既是 σ 轨道又是 π 轨道。

1.4.4　分子轨道与配位场理论

分子轨道能够处理中心离子和配体之间 σ 键和 π 键作用，能够较好解释配体场的强弱顺序，并利用反馈 π 键来解释强场配体的作用。反馈 π 键对于配合物的稳定性有着重要作用。中心离子通过反馈 π 键作用，把电子反馈给配体，从而减轻了电子的过分集中，有利于配体的稳定性。σ 键和 π 键之间存在协同作用，其结果比单独的 σ 键强得多。

改进的晶体场理论主要是对中心离子和配体轨道进行处理，使之能够处理共价作用，而分子轨道理论通过 σ 轨道和 π 轨道线性组合来处理离子作用和共价作用，因此二者都是对配合物的轨道进行处理。鉴于分子轨道理论与配位场理论的密切关系，通常把改进的晶体场理论和分子轨道理论统称为配位场理论。黄子卿认为"配位场理论是晶体场理论加上分子轨道理论",是一种量子力学结构理论,是处理 d 轨道的化学键理论。随着量子理论的发展,配位场理论已经成为现代配位化学的主要理论,不仅能够处理含 d 轨道金属配合物,还可以处理含 f 轨道稀土配合物。

矿物浮选体系的配位特征 第2章

矿物浮选是一个复杂多相体系，包括矿物表面、药剂以及矿浆中各种离子等的相互作用。在传统浮选理论中，把这些作用都归因于离子化学反应。实际上，在浮选作用中这种简单自由离子化学反应是少数，大部分都是配位作用。首先，矿物表面原子不同于自由状态的离子，而是处于半约束态，其性质与周围原子的性质和配位结构有关。例如，赤铁矿中的铁具有较强的离子性，而黄铁矿中的铁则具有较强的共价性。其次，以 Z-200 为代表的酯类捕收剂，在分子结构中没有可供电离的官能团，不可能与金属离子发生电价作用，Z-200 与金属离子的作用属于典型的配位作用。另外，浮选介质水分子是一种中性分子，水分子与金属离子作用也是配位作用。本章从矿物晶体、药剂分子以及浮选药剂的作用等方面系统阐述矿物浮选体系的配位特征。

2.1 矿物晶体的配位特征

2.1.1 矿物配位结构

矿物晶体是由大量的结构单元在空间周期性排列而构成的，如图 2-1 所示。由图可见，方铅矿晶体中每个铅原子与六个硫原子配位，每个硫原子又与六个铅原子配位，形成八面体结构，方铅矿中的原子都具有确定的配位数和空间结构。

再如闪锌矿，其晶体结构和配位结构如图 2-2 所示，闪锌矿晶体中每个锌原子与四个硫原子配位，每个硫原子又与四个锌原子配位，形成四面体结构。

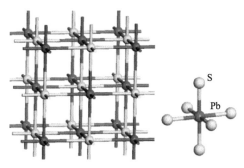

图 2-1 方铅矿晶体结构和铅原子的六配位结构

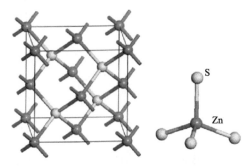

图 2-2 闪锌矿晶体结构和锌原子的四配位结构

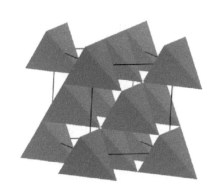

图 2-3 闪锌矿晶体配位的空间几何结构

从图 2-3 所示闪锌矿晶体配位的空间几何结构来看,闪锌矿晶体可以看成是由多个四面体结构组合而成的,任何一个单一的配位结构都是一个四面体结构。因此可以认为配位的四面体结构是闪锌矿晶体的最小几何结构。这里需要说明的是配位几何结构与矿物的晶体单胞结构在概念上是不同的,单胞结构是晶体周期性的最小单元,配位几何结构则是指金属原子与配体作用的最小单元结构。表 2-1 是常见金属矿物的晶体结构和配位空间结构。

表 2-1 常见金属矿物的晶体结构和配位空间结构

矿物名称	晶体单胞结构	晶体配位场结构	金属的配位结构
方铅矿 Pb_4S_4			
黄铁矿 Fe_4S_8			

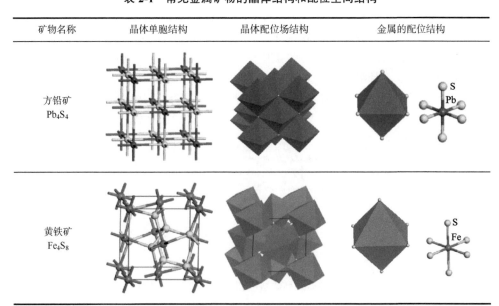

续表

矿物名称	晶体单胞结构	晶体配位场结构	金属的配位结构
黄铜矿 $Cu_4Fe_4S_8$			
闪锌矿 Zn_4S_4			
赤铁矿 $Fe_{12}O_{18}$			
白铅矿 $Pb_4C_4O_{12}$			

矿物名称	晶体单胞结构	晶体配位场结构	金属的配位结构
孔雀石 $Cu_8C_4H_8O_{20}$			Cu O
铜蓝 Cu_6S_6			S Cu
辉锑矿 Sb_8S_{12}			Sb S
毒砂 $Fe_4As_4S_4$			As S Fe

矿物名称	晶体单胞结构	晶体配位场结构	金属的配位结构
菱锌矿 $Zn_6C_6O_{18}$	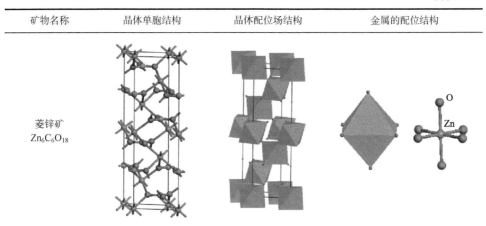		

2.1.2　矿物晶体中的 d 轨道分裂

　　具有空间点阵结构的矿物晶体中的每个原子都具有配位结构，矿物晶体中原子之间的相互作用也以配位作用为主。矿物晶体是在周期性势场作用下的配位结构，那么矿物晶体中的 d 轨道是否还会像配合物分子那样出现能级分裂现象？下面以镍黄铁矿为例来分析，在镍黄铁矿晶体中镍离子占据八面体空隙，铁离子占据四面体空隙，有两种晶体场结构。我们采用密度泛函理论计算了镍黄铁矿晶体中正八面体场和四面体场中 3d 轨道的五个方向的态密度，结果如图 2-4所示。

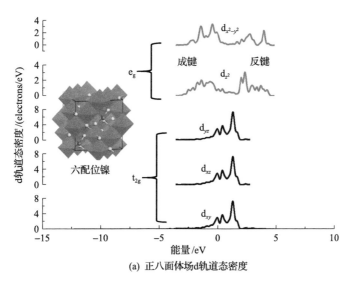

(a) 正八面体场 d 轨道态密度

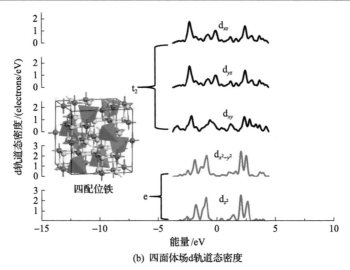

(b) 四面体场d轨道态密度

图 2-4 镍黄铁矿晶体中正八面体场和四面体场中 3d 轨道的态密度

从图 2-4(a)中可以看出，镍黄铁矿正八面体场中五个 3d 轨道能级不再是简并态，而是发生了分裂。从态密度的形状和分布特征来看，$d_{x^2-y^2}$、d_{z^2} 轨道为一组，标记为 e_g，d_{xy}、d_{xz}、d_{yz} 为另一组，标记为 t_{2g}，矿物晶体中正八面体场 d 轨道分裂形式与晶体场理论一致。从图 2-4(b)中可以看出，镍黄铁矿四面体场中五个 3d 轨道能级也发生分裂，其中 d_{xy}、d_{xz}、d_{yz} 轨道能级分布相同，标记为 t_2，$d_{x^2-y^2}$ 和 d_{z^2} 轨道能级分布相同，标记为 e，与晶体场理论中的四面体场分裂形式一致。

由于晶体中轨道的相互作用，d 轨道离域性较强，轨道能量分布在一个比较宽的范围，无法直接比较轨道能量高低。从轨道离域性来看，可以发现在八面体场中 $d_{x^2-y^2}$ 和 d_{z^2} 轨道比较离域，d_{xy}、d_{xz}、d_{yz} 轨道比较局域；在四面体场中正好反过来，d_{xy}、d_{xz}、d_{yz} 轨道比较离域，$d_{x^2-y^2}$、d_{z^2} 轨道比较局域。这是因为能级较高的轨道活性较强，轨道分裂为成键轨道和反键轨道两部分，从而显得比较离域。八面体场中 t_{2g} 作为非键轨道，没有参与成键，显得比较局域。因此，可以认为 e_g 轨道能量比 t_{2g} 轨道要高。四面体场中轨道作用比较复杂，但基本的形状也反映出 t_2 轨道能量高于 e 轨道。由以上讨论可见，在矿物晶体中 d 轨道也会发生分裂，分裂结构与晶体场理论结果一致，只不过由于晶体能带作用的特殊性，d 轨道的离域性变强。

McClure 采用光谱法测得矿物晶体中钴、镍、铬三种过渡金属分裂能参数[1]，结果见表 2-2。从表 2-2 可见，对于八面体场，镍和铬离子在矿物晶体中的分裂能与水合离子的分裂能数据非常相近；对于四面体场结构，钴和镍离子在矿物晶体中的分裂能也与水合离子相近。另外，镍在四面体场[Zn(Ni)O]中的分裂能为 465cm^{-1}，只有八面体场(NiO)分裂能 885cm^{-1} 的一半左右，同样符合四面体场的分裂能只有八面体场的 4/9 的结论。以上光谱测试结果说明矿物晶体中金属离子的轨道分裂行为与配合物分子相似。

表 2-2　过渡金属离子在矿物晶体与水合离子中的 Dq 值[1]

矿物晶体	结构	Dq/cm⁻¹	水合离子	结构	Dq/cm⁻¹
NiO	八面体	885	$[Ni(H_2O)_6]^{2+}$	八面体	860
Cr_2O_3	八面体	1680	$[Cr(H_2O)_6]^{3+}$	八面体	1740
Zn(Ni)O	四面体	465	$[Ni(H_2O)_4]^{2+}$	四面体	382
Zn(Co)O	四面体	370	$[Co(H_2O)_4]^{2+}$	四面体	444

2.1.3　矿物晶格能与晶体场稳定化能的关系

第一过渡金属矿物的晶格能见图 2-5～图 2-7，晶格能数据来自文献[2]和[3]。从图可见第一过渡金属（二价）的卤化物、氧化物、碳酸盐以及硫化物的晶格能也有"双峰现象"或"单峰现象"，即在 d^0-d^5-d^{10} 地方最低。矿物晶格的变化规律为我们求晶体场分裂能提供了一种方法，其原理是根据在 d^0、d^5、d^{10} 处的金属离子的晶体场稳定化能为 0，那么偏离 d^0-d^5-d^{10} 连线以上的能量就是晶体场额外的贡献。表 2-3 是用矿物晶格能计算出的晶体场稳定化能。

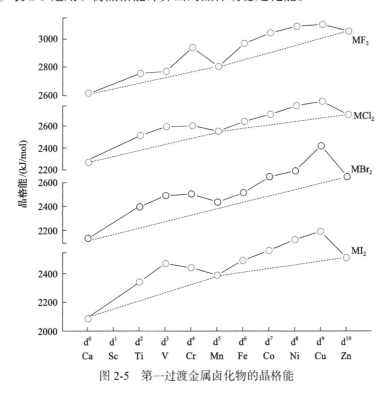

图 2-5　第一过渡金属卤化物的晶格能

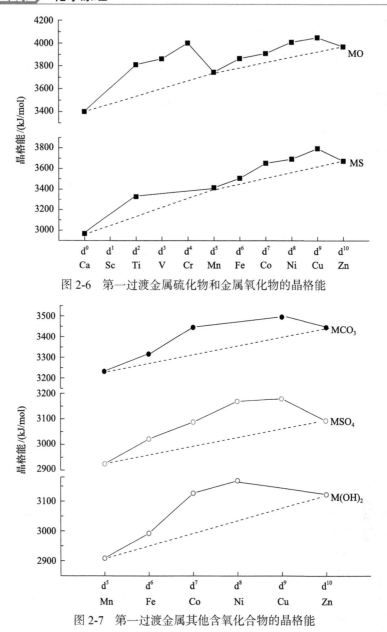

图 2-6　第一过渡金属硫化物和金属氧化物的晶格能

图 2-7　第一过渡金属其他含氧化合物的晶格能

表 2-3　根据矿物晶格能求出过渡金属离子晶体场稳定化能（CFSE）（单位：kJ/mol）

离子	d 电子	MF_2	MCl_2	MSO_4	MCO_3	MO	MS	MSe
Ca^{2+}	0	0	0			0	0	0
Sc^{3+}	1							
Ti^{2+}	2	−81.1	−136.4			−283.1	−141.1	

离子	d 电子	MF$_2$	MCl$_2$	MSO$_4$	MCO$_3$	MO	MS	MSe
V^{2+}	3	−58.3	−155.1			−226.8		
Cr^{2+}	4	−142.1	−127.5			−200.8		
Mn^{2+}	5	0	0	0	0	0	0	0
Fe^{2+}	6	−107.0	−66.7	−65.3	−57.6	−75.3	−76.4	−140.6
Co^{2+}	7	−117.4	−104.0	−68.4	−89.6	−96.9	−110.3	−142.6
Ni^{2+}	8	−161.0	−126.2	−138.3	−96.2	−137.4	−148.0	−169.4
Cu^{2+}	9	−123.6	−117.7	−110.3	−101.1	−135.9	−181.1	−222.3
Zn^{2+}	10	0	0	0	0	0	0	0

从表 2-3 可以看出，一般情况下，氟化物的晶体场稳定化能比氯化物更负，氧化物的晶体场稳定化能比硫酸盐和碳酸盐(镍除外)更负，硫化物的晶体场稳定化能比氧化物(Ti^{2+}除外)更负，硒化物的晶体场稳定化能最负。

根据分裂能的定义，$\Delta=10Dq$，知道确定的电子构型，就可利用表 2-3 求出过渡金属离子在不同配位中的分裂能参数 Dq 值，结果见表 2-4。这里需要注意的是，虽然 d^0、d^5、d^{10} 的晶体场稳定化能为零，但其分裂能却不为零，因此不能通过晶体场稳定化能来求 d^0、d^5、d^{10} 的分裂能。从表 2-4 中可见，一般情况下，硫化物的分裂能参数大于氧化物，硒化物的分裂能参数最大。在计算矿物晶体的晶体场稳定化能时，弱场可以参考氧化物的分裂能参数，强场可以参考硒化物的分裂能参数。

表 2-4　根据矿物晶格能计算出的金属离子分裂能参数 Dq 值　　（单位：kJ/mol）

离子	d	MF$_2$	MCl$_2$	MCO$_3$	MO	MS	MSe
Ca^{2+}	0						
Sc^{3+}	1						
Ti^{2+}	2	10.1	17.0				
V^{2+}	3	4.6	12.9				
Cr^{2+}	4	23.7	21.3				
Mn^{2+}	5	0	0	0	0	0	0
Fe^{2+}	6	26.8	16.7	14.4	18.8	19.1	35.2
Co^{2+}	7	14.7	13.0	11.2	12.1	13.8	17.8
Ni^{2+}	8	13.4	10.6	8.0	11.5	12.3	14.1
Cu^{2+}	9	20.6	19.6	16.9	22.7	30.2	37.0
Zn^{2+}	10						

注：电子构型采用八面体场下的高自旋态。

比较表 2-5 光谱法分裂能和表 2-4 晶格能法分裂能数据，八面体氧化物 Fe^{2+}、Co^{2+}、Ni^{2+}、Cu^{2+} 的光谱法获得的分裂能与矿物晶格能法获得的分裂能接近，说明采用矿物晶格能来计算分裂能是可行的，同时也说明矿物晶体中金属离子的轨道分裂行为与晶体场理论基本一致。

表 2-5 采用光谱法获得的八面体和四面体氧化物的分裂能参数 Dq 值[1]

d 电子数	离子	八面体		四面体	
		cm^{-1}	kJ/mol	cm^{-1}	kJ/mol
0	Ca^{2+},Ti^{4+},Sc^{3+}				
1	Ti^{3+}	2030	24.3	900	10.8
2	V^{3+}	1800	21.5	840	10.0
3	V^{2+}	1180	14.1	520	6.2
	Cr^{3+}	1760	21.0	780	9.3
4	Cr^{2+}	1400	16.7	620	7.4
	Mn^{3+}	2100	25.1	930	11.1
5	Mn^{2+}	750	9.0	330	3.9
	Fe^{3+}	1400	16.7	620	7.4
6	Fe^{2+}	1040	12.4	462	5.5
	Co^{3+}	1755	21.0	780	9.3
7	Co^{2+}	930	11.1	413	4.9
8	Ni^{2+}	860	10.3	380	4.5
9	Cu^{2+}	1300	15.5	580	6.9
10	Zn^{2+},Ga^{3+},Ge^{4+}				

注：八面体 Co^{3+} 的分裂能参数由四面体计算，Fe^{2+} 和 Co^{2+} 原文分裂能为同一数值，在此采用水合物的数据进行修正。

2.1.4 矿物晶体键长与 d 电子排布关系

由图 2-8 可见，在八面体晶体结构中，第一过渡金属离子与氧的距离也是呈双峰变化。由于图 2-8 中金属离子有 +2 和 +3 价态，不同价态的晶体场分裂能不同。我们采用表 2-5 光谱法获得的矿物晶体分裂能参数来计算不同价态的晶体场稳定化能，结果如表 2-6 所示。

一般而言，晶体场稳定化能越负，配合物越稳定，金属离子和配体的键长会减小。另外，e_g 轨道上电子具有排斥作用，e_g 轨道上电子增加会导致金属离子与配体键长变长。对于八面体场，t_{2g} 轨道为 π 轨道，e_g 轨道为 σ 轨道，π 轨道上电子的排斥作用不如 σ 轨道显著，因此排斥作用重点考虑 e_g 轨道上的电子排布。

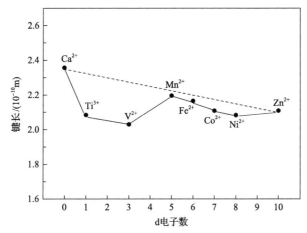

图 2-8　八面体结构中第一过渡金属离子与氧原子的键长

所有晶体均为八面体结构，其中 d^1 为 Ti_2O_3，d^3 为 VO，其余均为二价碳酸盐矿物

表 2-6　过渡金属离子在八面体弱场中 **d** 电子排布和晶体场稳定化能

金属离子	Ca^{2+}	Ti^{3+}	V^{2+}	Mn^{2+}
d 电子数	0	1	3	5
电子排布	$(t_{2g})^0(e_g)^0$	$(t_{2g})^1(e_g)^0$	$(t_{2g})^3(e_g)^0$	$(t_{2g})^3(e_g)^2$
CFSE/(kJ/mol)	0	−97.2	−169.2	0
金属离子	Fe^{2+}	Co^{2+}	Ni^{2+}	Zn^{2+}
d 电子数	6	7	8	10
电子排布	$(t_{2g})^4(e_g)^2$	$(t_{2g})^5(e_g)^2$	$(t_{2g})^5(e_g)^3$	$(t_{2g})^6(e_g)^4$
CFSE/(kJ/mol)	−49.6	−88.8	−123.6	0

　　从表 2-6 可见，从 Ca^{2+} 到 V^{2+} 的 e_g 轨道上没有填充电子，电子对配体的排斥不显著，晶体场稳定化能的影响占主要地位。从 Ca^{2+} 到 V^{2+} 晶体场稳定化能逐步变负，金属离子与氧配体的作用增强，金属离子与氧的键长减小。但对于 Mn^{2+} 离子，e_g 轨道开始填充电子，d 轨道电子对配体产生排斥作用，因此 Mn—O 键长增大。对于 Mn^{2+}、Fe^{2+} 和 Co^{2+}，e_g 轨道上都有 2 个电子，排斥作用相似，但是晶体场稳定化能不同，其中 Mn^{2+} 的晶体场稳定化能为零，Fe^{2+} 和 Co^{2+} 的晶体场稳定化能分别为–49.6kJ/mol 和–88.8kJ/mol，随着晶体场稳定化能变负，Fe^{2+} 和 Co^{2+} 与氧配体的作用增强，键长减小。对于 Ni^{2+} 离子，虽然它的晶体场稳定化能比 Fe^{2+} 和 Co^{2+} 的都更负，但是其 e_g 轨道上有 3 个电子，排斥作用抵消了晶体场稳定化能的部分作用，因此 Ni—O 键长仅比 Co—O 键长稍有缩短。对于 Zn^{2+}，其晶体场稳定化能为零，e_g 轨道上的 4 个电子，对配体氧产生强烈排斥作用，因此 Zn—O 键长显著增大。

表 2-7 是黄铁矿、方硫钴矿和方硫镍矿三种硫化矿物键长的变化情况。由表中数据可见，黄铁矿中硫铁键长收缩程度最大，其次是方硫钴矿，最小是方硫镍矿。

表 2-7　黄铁矿、方硫钴矿、方硫镍矿三种硫化矿物键长的变化情况 （单位：Å）

	黄铁矿（FeS$_2$）	方硫钴矿（CoS$_2$）	方硫镍矿（NiS$_2$）
金属离子半径	0.76	0.74	0.72
硫离子半径	1.84	1.84	1.84
半径之和	2.60	2.58	2.56
M—S 键长	2.26	2.32	2.40
收缩程度	0.34	0.26	0.16

黄铁矿、方硫钴矿和方硫镍矿都是二硫化物，都是八面体强场，它们的低自旋的电子排布如图 2-9 所示。

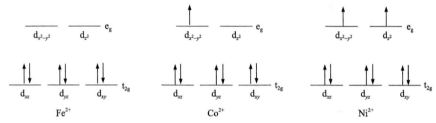

图 2-9　铁、钴、镍在八面体强场中 d 电子排布

由图 2-9 可见，三种矿物中的 t_{2g} 轨道上都可以提供三对 π 电子，能够和配体硫离子形成反馈 π 键，导致金属离子和硫离子之间的距离缩短；但铁、钴、镍三种离子的 e_g 轨道上电子排布不同，其中二价铁离子的 e_g 轨道上电子排布为 0，二价钴为 1，二价镍为 2。在六配位结构中，e_g 轨道正对配体，e_g 轨道上的电子对配体具有排斥作用。因此，方硫镍矿 e_g 轨道电子最多，排斥作用最大，键长减小程度最小，其次是方硫钴矿，黄铁矿 e_g 轨道电子为 0，对配体排斥作用最小，键长减小程度最大。

2.1.5　晶体场稳定化能对金属离子在矿物晶体中占位的影响

1. 钴和镍在黄铁矿和磁黄铁矿中的富集差异

地球化学研究结果表明，钴和镍在黄铁矿和磁黄铁矿中的分布具有显著的差异[4]，见图 2-10 和图 2-11。由图可见磁黄铁矿的镍含量普遍比黄铁矿高，而黄铁矿的钴含量则比磁黄铁矿高，钴和镍在黄铁矿和磁黄铁矿中存在显著的富集差异。

黄铁矿和磁黄铁矿的铁都是六配位结构，配体场为八面体场。黄铁矿的铁为低自旋态，而磁黄铁矿的铁为高自旋态，因此黄铁矿的配体场为强场，磁黄铁的配体场为弱场。在八面体弱场中二价钴和二价镍的 d 电子排布如图 2-12 所示。

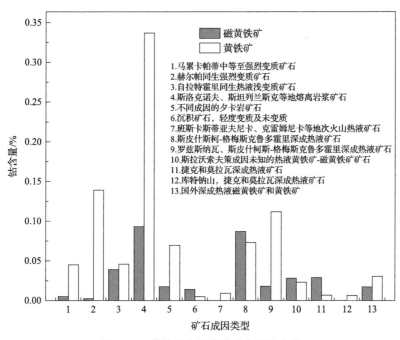

图 2-10　黄铁矿和磁黄铁矿中的钴含量

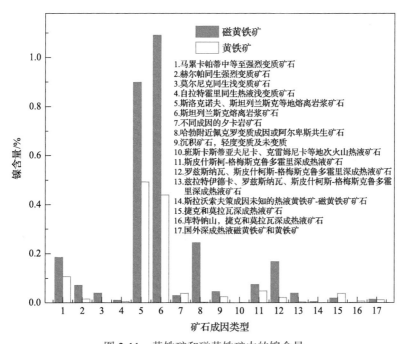

图 2-11　黄铁矿和磁黄铁矿中的镍含量

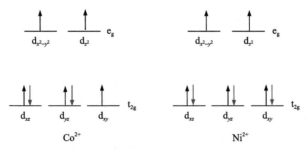

图 2-12 磁黄铁矿晶体中钴和镍高自旋电子排布

根据图 2-12 可以计算出钴和镍在磁黄铁矿中的晶体稳定化能分别为–8Dq 和 –12Dq，镍在磁黄铁矿中晶体场稳定化能比钴更负，镍比钴更容易在磁黄铁矿中富集。

对于黄铁矿，二价钴和二价镍的 d 电子为低自旋排布，如图 2-13 所示。

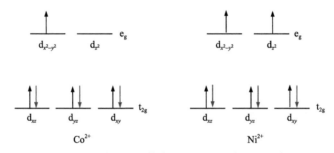

图 2-13 黄铁矿晶体中钴和镍低自旋电子排布

根据图 2-13 黄铁矿中钴和镍的 d 电子排布，可以计算出黄铁矿晶体中钴和镍的晶体场稳定化能分别为–18Dq 和–12Dq，钴在黄铁矿中的晶体场稳定化能明显比镍更负，表明钴在黄铁矿晶体中更稳定，因此钴比镍更容易在黄铁矿中富集。我们采用密度泛函理论分别计算了钴和镍在黄铁矿晶体中的形成能[5]分别为 +166.76kJ/mol 和+300.87kJ/mol，钴在黄铁矿晶体中的形成能比镍低，因此钴在黄铁矿晶体中比镍更容易形成。密度泛函理论计算结果与晶体场稳定化能预测结果一致。

2. 磁铁矿晶体中铁离子的不同占位问题

磁铁矿的分子式为 Fe_3O_4，其晶体结构见图 2-14。从图可见磁铁矿晶体中铁有两种配位：六配位(Fe_1)和四配位(Fe_2)。磁铁矿中铁氧比值为 3：4，因此磁铁矿中的铁离子可能存在+2 和 3 两种价态。$Fe^{2+}(d^6)$ 在八面体场和四面体场中电子排布见图 2-15。

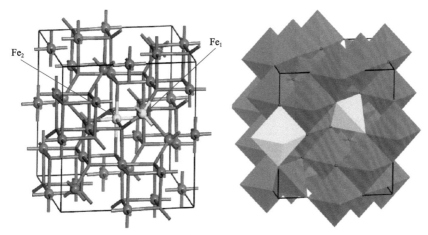

图 2-14 磁铁矿晶体中铁的四配位和六配位结构

根据图 2-15 中 Fe^{2+} 在四面体场和八面体场中的电子排布，可以计算出 Fe^{2+} 在八面体场和四面体场中的晶体场稳定化能分别为

八面体场：CFSE=4×(-4Dq)+2×6Dq=-4Dq

四面体场：CFSE=3×(-6Dq)+3×4Dq=-6Dq

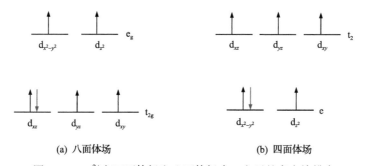

(a) 八面体场　　　　　　　　　　(b) 四面体场

图 2-15 Fe^{2+}在四面体场和八面体场中 d 电子的高自旋排布

由于不同配体场中的分裂能不同，因此需要具体的 Dq 值才能计算出 CFSE 数值。从表 2-5 中，我们可以查出 Fe^{2+} 在八面体场和四面体场中的分裂能参数 Dq 值，分别为 12.4kJ/mol 和 5.5kJ/mol。由此可计算出 Fe^{2+} 在八面体场和四面体场中的晶体场稳定化能分别为-49.6kJ/mol 和-33.0kJ/mol。很明显，Fe^{2+} 在八面体场中的晶体场稳定化能比四面体场更负，Fe^{2+} 占据磁铁矿晶体中的八面体位置比四面体更加稳定。

对于 Fe^{3+}，其电子构型为 d^5，在四面体场和八面体场中的晶体场稳定化能都为 0，表明 Fe^{3+} 既可以形成八面体结构也可以形成四面体结构。实际上磁铁矿的晶体结构为倒置尖晶石型晶体结构，Fe^{2+} 填充半数八面体空隙，Fe^{3+} 填充剩下的半数八面体空隙和全部四面体空隙。

3. 镍黄铁矿中镍铁分布

镍黄铁矿的晶体结构如图 2-16 所示，由图 2-16 可见 Ni^{2+} 占据 S^{2-} 组成的八面体空隙，为六配位结构；Fe^{2+} 占据四面体空隙，为四配位结构。我们采用密度泛函理论计算了镍黄铁矿的自旋值，计算结果表明铁和镍都有自旋，其中铁的自旋值为 $3.63\hbar/2$，镍的自旋值为 $1.21\hbar/2$。因此，镍黄铁矿晶体中镍和铁都是高自旋态，如图 2-17 所示。

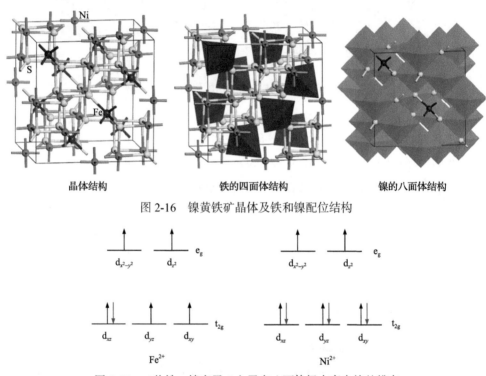

晶体结构   铁的四面体结构   镍的八面体结构

图 2-16 镍黄铁矿晶体及铁和镍配位结构

图 2-17 二价铁、镍离子 d 电子在八面体场中高自旋的排布

根据图 2-17 结果，可以计算出二价铁离子和镍离子在八面体场中高自旋态的晶体场稳定化能为

Fe^{2+}： $CFSE = 4 \times (-4Dq) + 2 \times (6Dq) = -4Dq$

Ni^{2+}： $CFSE = 6 \times (-4Dq) + 2 \times (6Dq) = -12Dq$

根据表 2-4 硫化物八面体场分裂能参数，Fe^{2+} 的 Dq 值为 19.1kJ/mol，Ni^{2+} 的 Dq 值为 12.3kJ/mol，可以计算出 Fe^{2+} 和 Ni^{2+} 在八面体场中高自旋态的晶体场稳定化能分别为 -76.4kJ/mol 和 -147.6kJ/mol，很明显 Ni^{2+} 在八面体场中更稳定，因此镍黄铁矿晶体中 Ni^{2+} 优先占据八面体空隙，为六配位结构。

图 2-18 是二价铁、镍离子的 d 电子在四面体场中的高自旋排布。根据图 2-18，二价铁离子和镍离子在四面体场中的晶体场稳定化能为

Fe^{2+}：　CFSE=3×(–6Dq)+3×(4Dq)= –6Dq

Ni^{2+}：　CFSE=4×(–6Dq)+4×(4Dq)= –8Dq

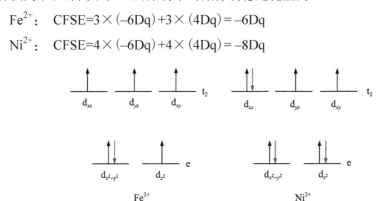

图 2-18　二价铁、镍离子 d 电子在四面体场中的高自旋排布

根据晶体场理论，四面体场的分裂能只有八面体场的 4/9。根据表 2-4 硫化物八面体场的分裂能参数，我们可以推算出四面体场中二价铁离子和镍离子的分裂能参数：Fe^{2+}的 Dq 值为 8.49kJ/mol，Ni^{2+}的 Dq 值为 5.47kJ/mol。因此二价铁离子和镍离子在四面体场中的晶体场稳定化能分别为–50.94kJ/mol 和–43.76kJ/mol。根据晶体场稳定化能数据，二价铁离子在四面体空隙中比镍离子稳定，因此镍黄铁矿晶体中铁离子优先占据四面体空隙，为四配位结构。

2.1.6　矿物晶体中的姜-泰勒效应

晶体场中的姜-泰勒效应在矿物晶体中也普遍存在。图 2-19(a)是氧化铜晶体

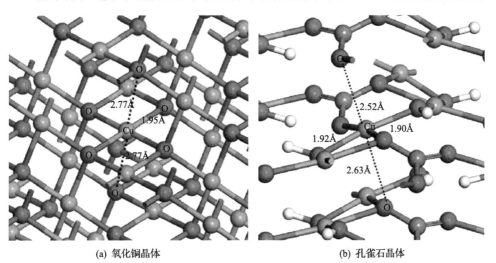

(a) 氧化铜晶体　　　　　　　　　　(b) 孔雀石晶体

图 2-19　氧化铜和孔雀石晶体中的姜-泰勒效应

结构及键长，从图可见一个铜原子与 6 个氧相邻，其中 4 个铜氧键的键长为 1.95Å，两个铜氧键长 2.77Å，氧化铜晶体为拉伸八面体结构。对于图 2-19(b) 的碱式碳酸铜(孔雀石)晶体，同样出现 4 个铜氧键的键长较短，两个铜氧键的键长较长的现象，也是形成拉伸八面体结构。

从以上的讨论可以看出，矿物晶体中的金属离子在配体的作用下也会发生 d 轨道分裂，电子在 d 轨道中同样具有高自旋和低自旋两种排布。过渡金属矿物的性质，包括键长变化、金属离子占位情况以及八面体畸变等现象都可以用配位场理论进行解释。因此配位场理论不仅适用于金属离子体系，同样也适合于矿物晶体。

2.2 浮选介质水分子的配位作用

矿物浮选是在水介质中进行的，水分子的性质对浮选具有非常重要的影响。一方面，矿物表面离子会与水分子作用，发生溶解和吸附，影响表面性质，如表面电性和疏水性；另一方面，水分子与浮选药剂分子在矿物表面形成竞争吸附，影响药剂与矿物表面的作用。水分子中 O—H 键长为 0.97～0.99Å，键角为 104.5°。氧原子的一个 2s 轨道和三个 2p 轨道作用形成四个 sp^3 杂化轨道，其中两个 sp^3 杂化轨道与两个氢的 1s 轨道作用，形成 H：O：H 结构，氧原子另外两个 sp^3 杂化轨道上还有剩余两对孤对电子可以与金属离子的空轨道作用，因此水分子具有较强的配位能力。

金属离子在水溶液中都会与水分子形成配合物，表 2-8 是过渡金属离子的水合物的分裂能、吸收波长和颜色。从表可见，过渡金属离子一般与六个水分子结合形成八面体配合物，另外对比锰、钴和钒离子不同价态的分裂能数据，可以看出三价离子的分裂能比二价离子大，这是因为三价离子比二价离子半径更小，与配体的作用更强，符合晶体场理论预期。

表 2-8 过渡金属离子的水合物数据

水合离子	分裂能/cm⁻¹	吸收波长/nm	颜色	水合离子	分裂能/cm⁻¹	吸收波长/nm	颜色
$[Mn(H_2O)_6]^{2+}$	7800	500	淡紫	$[Mn(H_2O)_6]^{3+}$	21000	530	深红
$[Ni(H_2O)_6]^{2+}$	8600	700	绿色	$[Ti(H_2O)_6]^{3+}$	20400	540	紫红
$[Co(H_2O)_6]^{2+}$	10000	500	粉红	$[Co(H_2O)_6]^{3+}$	18600	485	黄红
$[V(H_2O)_6]^{2+}$	12600	560	紫色	$[V(H_2O)_6]^{3+}$	17700	700	绿色
$[Cr(H_2O)_6]^{2+}$	13900	580	蓝色	$[Cr(H_2O)_6]^{3+}$	17400	580	蓝紫
$[Cu(H_2O)_6]^{2+}$	12600	570	暗蓝	$[Fe(H_2O)_6]^{3+}$	13700	560	淡紫

水分子与疏水矿物表面的作用主要包括两种，一是氢键；二是范德瓦耳斯力。范德瓦耳斯力为物理吸附作用，在此不讨论。氢键是表面电负性大的阴离子，如

氧、硫、氮和氟等，与水分子中的氢原子作用。氢键不涉及孤对电子和空轨道作用，也不会形成反馈 π 键作用，属于配位作用中的电价作用。

　　水分子与黄铁矿表面作用构型见图 2-20。由图可见水分子与黄铁矿表面铁的距离为 2.11Å，比二价铁离子半径（0.76Å）和氧离子（1.42Å）的半径之和 2.18Å 略小，说明水分子与黄铁矿表面二价铁形成了化学键，属于典型的配位作用。黄铁矿表面的二价铁的轨道杂化为 d^2sp^3 型杂化，可以提供六个空轨道，其中五个空轨道与硫原子的孤对电子作用，形成五配位表面，还剩余一个空轨道可以和水分子中氧原子的孤对电子作用，形成配位键。因此在浮选实践中，黄铁矿的捕收剂和抑制剂在分子结构上需要比水分子具有更强的配位作用，才能取代表面水化层，吸附在黄铁矿表面。

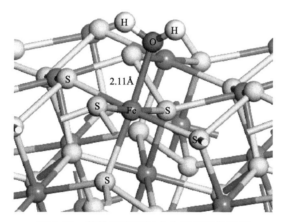

图 2-20　黄铁矿表面与水分子的配位作用

2.3　浮选药剂的配位性质

　　浮选药剂按种类可以分为无机和有机两大类，按使用功能可以分为捕收剂、起泡剂和调整剂，其中捕收剂和起泡剂全部都是有机化合物，调整剂包括有机和无机两种。在 2.1 节已经论述了矿物晶体的配位特征，事实上浮选药剂也具有明显的配位特征。例如，捕收剂基团上含有 N、O、S 等原子具有孤对电子，能够与金属离子的空轨道作用，形成配合物。再如抑制剂氰化钠，是典型的强场配体，能够与过渡金属离子形成配合物。下面从捕收剂和抑制剂两个方面来介绍浮选药剂的配位性质。

2.3.1　捕收剂的配位能力

　　首先，捕收剂分子中的 N、O、S 等键合原子都具有较强的配位能力，其中 N

和 O 随着取代基的增多，配位能力减弱：

$$H_2O > ROH > ROR$$

$$NH_3 > RNH_2 > R_2NH > R_3N$$

而对于 S 原子，则随着取代基的增多，配位能力增强：

$$R_2S > RSH > H_2S$$

其次，对于非离子型捕收剂，如硫氨酯类捕收剂，在溶液中不会电离，因此不可能和金属离子以电价形式作用，只能以提供孤对电子或接受 π 电子对的形式与金属离子进行配位作用。图 2-21 是 Z-200 的分子结构及其前线轨道，从图可见 Z-200 分子的最高占据分子轨道（HOMO）在双键硫上，准确来讲是硫原子上 3p 孤对电子，因此 Z-200 分子具有较强的提供电子对的能力。Z-200 分子上最低未占分子轨道（LUMO）主要在碳、硫、氮和氧上，其中 C≡S 键上最多；另外从 LUMO 轨道形状来看，Z-200 的 LUMO 轨道为 π 轨道，表明 Z-200 分子能够接受金属离子的 π 电子对，形成反馈 π 键。因此，Z-200 捕收剂与矿物表面的作用属于配位作用。

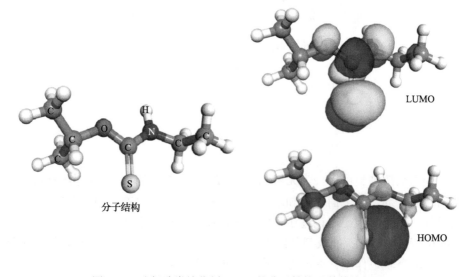

分子结构

LUMO

HOMO

图 2-21 硫氨酯类捕收剂 Z-200 的分子结构及其前线轨道

对于离子型捕收剂，如黄药、黑药和乙硫氮，它们在水溶液中会发生如下解离反应，形成离子：

$$CH_3CH_2OCSSH \longrightarrow CH_3CH_2OCSS^- + H^+ \tag{2-1}$$

$$(CH_3CH_2O)_2 PSSH \longrightarrow (CH_3CH_2O)_2 PSS^- + H^+ \qquad (2-2)$$

$$(CH_3CH_2)_2 NCSSH \longrightarrow (CH_3CH_2)_2 NCSS^- + H^+ \qquad (2-3)$$

按照离子化学反应，两个捕收剂离子$(2X^-)$与矿物金属离子(M^{2+})的作用如下：

$$MS + 2X^- \longrightarrow MX_2 + S^0 \qquad (2-4)$$

式(2-4)意味着两个捕收剂分子与矿物表面的一个金属离子发生作用，但这违背了轨道杂化理论和最大配位数规则。按照轨道杂化理论，配位数不能超过最大轨道杂化数。例如二价铁离子，其轨道杂化为 d^2sp^3，最多提供六个空轨道，因此黄铁矿表面五配位的铁原子最多只能与一个捕收剂分子作用，形成六配位结构，不可能与两个捕收剂分子作用形成七配位结构。另外，矿物表面金属离子与自由金属离子不同，具有半约束性质，捕收剂分子是在已配位的金属离子上进行二次配位作用，属于异配位作用。

图 2-22 是采用密度泛函理论计算出的丁基黄药在黄铁矿表面的吸附构型，从图可见，丁基黄药分子的两个硫原子分别和黄铁矿表面两个铁作用，正好形成铁的六配位结构，符合轨道杂化理论和最大配位数规则。另外，丁基黄药与表面铁原子的成键方向与铁硫键断裂方向完全一致，符合 d^2sp^3 杂化轨道的方向。

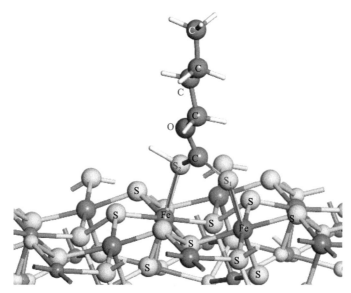

图 2-22　丁基黄药分子在黄铁矿表面的吸附构型

按式(2-1)～式(2-3)，捕收剂在水溶液中以离子形式存在，那么离子的静电作用或化合价作用是否仍起作用？在有机化学中，像—C—S⁻这种结构一般会发生共
$$\begin{array}{c}\parallel \\ S\end{array}$$

轭作用，形成一个新的共振结构，碳硫双键和单键没有区别。我们采用密度泛函理论研究了黄药分子与离子中单键硫和双键硫的态密度分布，结果如图 2-23 所示。从图中电子态密度分布来看，黄药分子中 C=S 和 C—S 中的硫原子 3s 态和 3p 态是有差异的，特别是在费米能级附近的硫 3p 态密度完全不同，这主要是因为单键硫原子与氢相连（C—SH），而双键硫只与碳相连（C=S），属于结构差异。对于黄药离子，从图可见 C=S 和 C—S 中硫原子的态密度差异消失，几乎完全相同，这是由 π 电子的共轭效应造成的，黄药离子中的碳硫双键和碳硫单键发生共振，形成相同的电子态。

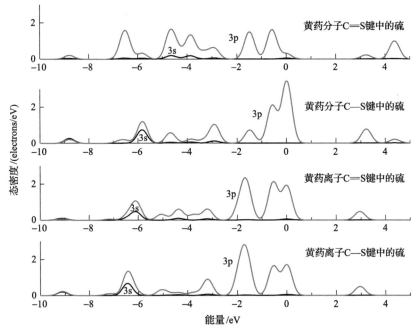

图 2-23　黄药分子与离子中双键硫和单键硫态密度分布

从图 2-24 黄药分子和离子的前线轨道也可以看出，黄药分子的 HOMO 轨道在碳硫双键上，为孤对电子，碳硫单键对 HOMO 轨道贡献很小；而黄药离子的两个硫原子都对 HOMO 轨道有贡献，即在离子态下，黄药的单键硫和双键硫都可以提供孤对电子，配位能力相同。对于硫化矿表面检测中发现的捕收剂金属化合物，猜测是捕收剂和矿物表面深度反应的结果，或者是捕收剂和溶液中金属离子作用后再反吸附在矿物表面的结果。在捕收剂分子吸附初期，捕收剂与矿物表面金属离子只能发生配位作用，严格来说应该是异配位作用，即捕收剂与已配位的金属离子进行二次配位作用。

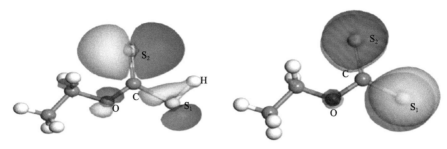

图 2-24　黄药分子和离子的 HOMO 轨道

　　有机化合物分子的不同键具有不同极化率，键的极化率越大，越容易与金属离子发生电子云重叠，形成共价键，这对于矿物表面的吸附具有重要意义。从表 2-9 可见碳硫双键的极化率最大，说明硫化矿捕收剂分子碳硫双键的共价能力最强，容易和过渡金属形成配位键。而 C═O 键的极化率较小，说明氧化矿捕收剂中的羧基共价作用弱，以离子键作用为主。另外，脂肪族的极化率小于芳香族，说明捕收剂分子中苯环的存在能够提高捕收剂的共价作用，有利于与共价性较强的铜铅硫化矿物作用，如丁铵黑药对方铅矿的选择性就不如甲酚黑药。

表 2-9　常见有机分子的极化率

键	键的极化率/($10^{-25} cm^3$)		
	键的平行方向 a_1	键的垂直方向 a_2	$a=(a_1+2a_2)/3$
C—C(脂肪族)	18.8	0.2	6.40
C—C(芳香族)	22.5	4.8	10.70
C═C	28.6	10.6	16.60
C≡C	35.4	12.7	20.27
C—H(脂肪族)	7.9	5.8	6.50
C—Cl	36.7	20.8	26.10
C—Br	50.4	28.8	36.00
O═C(羰基)	19.9	7.5	11.63
C═O(CO_2)	20.5	9.6	13.23
C═S(CS_2)	75.7	27.7	43.70
C≡N	31	14	19.67
N—H(NH_3)	5.8	8.4	7.53
S—H(H_2S)	23	17.2	19.13

2.3.2　抑制剂的配位能力

　　对于常见的浮选无机抑制剂，在分子结构中也同样具有配位性质，如氰化物，除了不抑制方铅矿外，对其他硫化矿都有抑制作用，可以用来实现铅锌、铜铅、铅硫以及铜钼等浮选分离。在配位化学中，氰根离子 CN^- 是典型的强场配体，除了有孤对电子外，还有空 π 轨道，能够接受过渡金属离子的 d 电子，形成较强的配位作用。表 2-10 给出了 CN^- 与常见金属离子的配位数和络合常数。其他的无机抑制剂如亚硫酸根、硫代硫酸根、硫氢根、氢氧根和重铬酸根等都能与金属离子形成络合物。

表 2-10　金属离子与氰氢酸根络合物 $[M(CN)_n]^{z-n}$ 稳定常数

金属	价态 z	配位数 n	pK	金属	价态 z	配位数 n	pK
Cu	1	2	20	Pt	2	4	41
	1	3	26	Pd	2	4	42
	1	4	28	Zn	2	4	19
	2	4	26		2	2	10.5
Ag	1	2	20	Cd	2	3	15
	1	3	22		2	4	18.5
Au	1	2	37	Hg	2	2	34.7
	1	4	(85)		2	4	41.0
Fe	2	6	36	Cr	2	6	21
	3	6	43.7		3	5	33
Co	2	5	19	Pb	2	4	10.3
	3	6	(50)				
Ni	2	4	32				

2.4　药剂与金属离子的配位作用

配体和金属离子的作用可以分为电价作用和共价作用两部分，配合物稳定常数可以用下式来表示[6, 7]：

$$-\lg K = A\frac{z^2}{r} + B\frac{x_L + x_M}{x_L - x_M} + C \tag{2-5}$$

其中，K 为金属离子与配体的稳定常数；z 表示离子电荷；r 为离子半径；x_L 和 x_M 分别为配体和金属离子电负性；A、B、C 为系数。第一项 $\frac{z^2}{r}$ 表示离子对配体的电价作用，主要与离子的价态和半径有关，类似于离子静电势，用 E 表示；第二项 $\frac{x_L + x_M}{x_L - x_M}$ 表示离子与配体的共价作用，二者电负性差越小，配体与金属离子共价性越强，用 V 表示。常见金属离子的静电作用和电负性见表 2-11。

表 2-11 常见金属离子的静电作用和电负性

离子	$\dfrac{z^2}{r}$	电负性	离子	$\dfrac{z^2}{r}$	电负性
Li^+	1.67	0.98	Sb^{3+}	11.8	2.05
Na^+	1.05	0.93	Sr^{2+}	3.54	0.95
K^+	0.75	0.82	Ca^{2+}	4.04	1.0
Be^{2+}	12.9	1.57	Ba^{2+}	2.96	0.89
Mg^{2+}	5.13	1.2	Sc^{3+}	11.1	1.36
V^{2+}	4.52	1.63	Ti^{4+}	10.1	1.54
V^{3+}	13.86	1.7	Cr^{2+}	5.13	1.66
V^{4+}	10.6	1.9	Cr^{3+}	13.65	1.7
Mn^{2+}	5.13	1.55	Ni^{2+}	5.48	1.91
Co^{2+}	5.4	1.80	Fe^{2+}	5.26	1.80
Co^{3+}	14.3	1.96	Fe^{3+}	14.04	1.96
Cu^+	1.04	1.90	Zn^{2+}	5.4	1.64
Cu^{2+}	5.55	2.10	Ag^+	0.79	1.93
Al^{3+}	15.7	1.61	Hg^{2+}	3.64	2.00
Cd^{2+}	4.12	1.82	Sn^{2+}	14.8	1.80
Pb^{2+}	3.14	2.0	Bi^{3+}	10.8	2.02

采用式(2-5)研究黄药与金属离子作用的电价贡献和共价贡献,结果如图 2-25 所示。pK_{sp} 是金属离子与黄药作用的溶度积常数的负对数,pK_{sp} 越大,黄药与金属离子作用越强。从图 2-25 可见,如果只考虑电价作用,发现式(2-5)不能表征黄药与金属离子的作用,pK_{sp} 与 $\dfrac{z^2}{r}$ 呈离散关系,如图 2-25(a)所示。增加共价作用的贡献,黄药与金属离子的 pK_{sp} 和式(2-5)计算结果开始呈现较好的线性关系,如图 2-25(b)所示。当共价作用达到 90%时,黄药与金属离子的 pK_{sp} 与式(2-5)线性拟合最好,如图 2-25(c)所示,说明黄药与金属离子的作用以共价作用为主。另外,完全共价作用也可以较好地表征黄药与金属离子的 pK_{sp},如图 2-25(d)所示,但不如有部分电价作用的效果好。

图 2-26 是氧化矿捕收剂油酸与金属离子作用的情况。从图 2-26(a)可见,用电价作用可以较好表征油酸与金属离子的作用,但用共价作用则不能够表征油酸与金属离子的作用,如图 2-26(d)所示。这一结果说明油酸与金属离子的作用以电价作用为主,共价作用较弱。油酸上碳氧双键的存在,导致油酸与金属离子具有一定的共价作用,因此考虑部分共价作用,仍可以较好地表征油酸与金属离子的 pK_{sp},如图 2-26(b)所示。

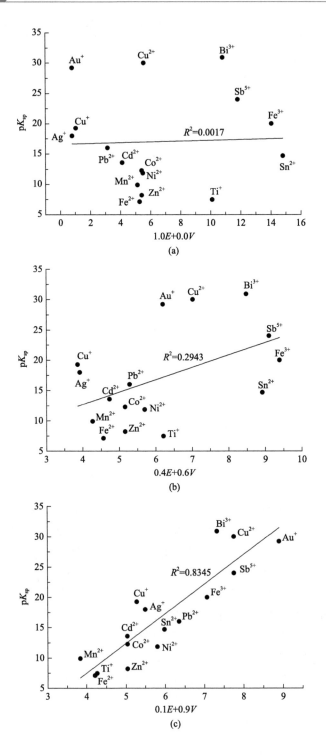

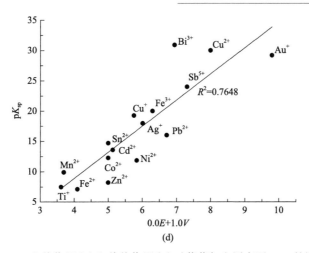

图 2-25 电价作用 (E) 和共价作用 (V) 对黄药与金属离子 pK_{sp} 的影响

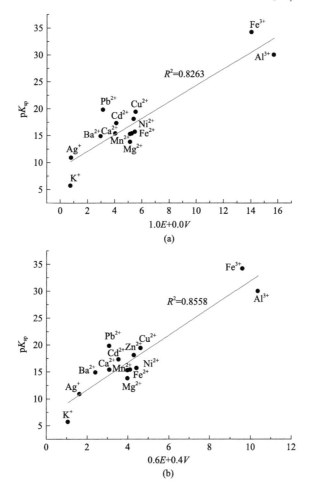

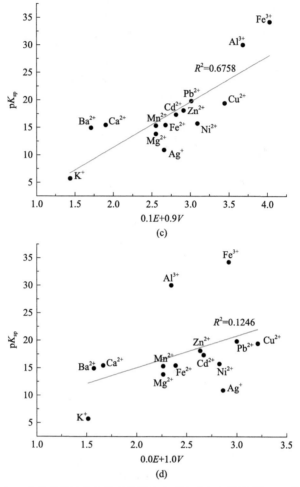

图 2-26 电价作用(E)和共价作用(V)对油酸与金属离子 pK_{sp} 的影响

图 2-27 总结了常见浮选捕收剂与金属离子作用的共价性大小，其中 R^2 表示捕收剂分子与金属离子的 pK_{sp} 拟合方差，R^2 越大表示拟合程度越好，反之 R^2 越小表示数据离散性越大。从图中曲线可以看出，对于巯基捕收剂，电价作用贡献比较小，以共价作用为主，说明巯基捕收剂容易和共价性强的硫化矿作用，难以和离子性强的氧化矿作用。另外，黑药在三种捕收剂中共价作用最强，说明黑药容易和共价性强的矿物作用，如方铅矿和黄铜矿；黑药与离子性强的矿物作用弱，如黄铁矿和闪锌矿。

对于氧化矿捕收剂，其作用相对复杂一些，以电价作用为主，但包含部分共价作用。从图 2-27 可见，对于油酸捕收剂，包含 20%～60%的共价作用，因此油酸除了能够捕收氧化矿外，也可以捕收硫化矿。

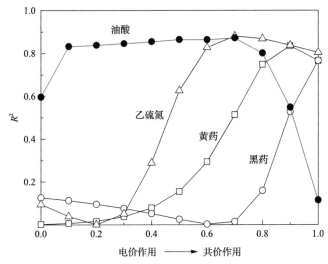

图 2-27　氧化矿和硫化矿捕收剂与金属离子作用的电价贡献和共价贡献

2.5　反馈 π 键

在配位作用中，配体与金属离子的作用可以分成两类：第一类作用为正向配位，即配体提供孤对电子，金属离子提供空轨道，形成 $L \to M^{2+}$ 配位，这是最常见的配位作用；第二类作用称为反馈 π 键，即金属离子 π 电子对与浮选药剂空 π 轨道作用，形成 $M^{2+} \to L$ 配位。在分子轨道中，轨道分为 σ 轨道和 π 轨道，占据在 σ 轨道上的电子称为 σ 电子，占据在 π 轨道上的电子称为 π 电子，其中 σ 轨道的电子具有局域性，π 轨道上的电子具有离域性。金属离子是正电性的，对电子具有很强的吸引作用，局域性的 σ 电子难以逃脱正电性束缚，难以与配体空轨道作用；而 π 电子具有较强的离域性，伸展性较强，容易克服金属离子束缚，与配体空轨道作用。

表 2-12 是 CO 分子与不同电性的金属离子配位后的红外光谱及键长数据。在红外光谱中，键的吸收频率越大，作用越强。从表 2-12 中数据可见，在相同的 d

表 2-12　金属的电性对金属羰基配合物中 CO 键吸收频率和键长的影响

d 电子	金属价态	配合物	红外吸收频率/cm^{-1}	C—O 键长/Å
	Mn^+	$[Mn(CO)_6]^+$	2099	1.141
$3d^4$	Cr^0	$[Cr(CO)_6]$	2000	1.155
	V^-	$[V(CO)_6]^-$	1860	1.173
	Ni^0	$[Ni(CO)_4]$	2060	1.151
$3d^8$	Co^-	$[Co(CO)_4]^-$	1890	1.176
	Fe^{2-}	$[Fe(CO)_4]^{2-}$	1790	1.207

电子条件下，六配位和四配位羰基配合物都表现出同样规律，即 C—O 键的红外吸收频率都是随着金属从负电性变到正电性而增大，说明随着金属离子正电性的增强，C—O 键长变短，碳氧之间排斥作用减弱。

CO 的分子轨道为：$KK(\sigma_{2s})^2(\sigma_{2s}^*)^2(\pi_{2p_y})^2(\pi_{2p_z})^2(\sigma_{2p_x})^2(\pi_{2p_y}^*)^0(\pi_{2p_z}^*)^0$，有空 π 轨道，可以接受金属的 π 电子，属于强场配体。根据配位场理论，四面体场下 d^8 和八面体强场下 d^4 的电子排布如图 2-28 所示。

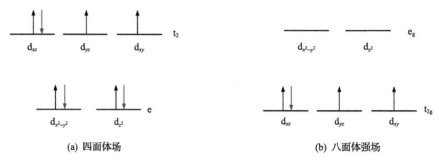

(a) 四面体场   (b) 八面体强场

图 2-28 四面体场下 d^8 电子排布(a)和八面体强场下 d^4 电子排布(b)

四面体场中 e 为纯 π 轨道，t_2 既是 σ 轨道也是 π 轨道，d^8 构型的金属(Fe^{2-}、Co^-、Ni^0)在四面体场下有三对 π 电子，如图 2-28(a)所示。八面体强场中 t_{2g} 是 π 轨道，d^4 构型的金属离子(V^-、Cr^0、Mn^+)只有一对 π 电子，如图 2-28(b)所示。金属的正电性越强，对电子的束缚能力就越强，π 电子离域性越差，CO 就难以获得 π 电子，C—O 之间的排斥作用小，键长相对较短；反之当金属带负电时，π 电子容易发生转移，CO 的空 π 轨道就容易获得 π 电子，C—O 之间的电子密度增大，排斥作用增强，导致碳原子和氧原子的作用变弱，C—O 键较长。我们采用密度泛函理论计算了不同金属羰基配合物中 C—O 键长，结果见表 2-12。由表可见，正如前面分析的那样，随着金属离子的电荷越来越负，C—O 键长也变得越来越长。

2.6 软硬酸碱作用

很早人们就已知道，极性越相近的分子，相互间的溶解性越好，即相似相溶原理。例如，煤油容易溶于汽油，难溶于水。另外，在化学中，强酸和强碱容易反应，弱酸与弱碱容易反应。在浮选中也有这一现象，疏水矿物表面亲油性较强，如石墨和辉钼矿用煤油就可以浮选；而亲水矿物，如氧化矿，需要极性较强捕收剂才能浮选。

软硬酸碱(HSAB)理论是在路易斯酸碱理论的基础上建立起来的。路易斯酸碱理论于 1923 年提出，它对酸和碱的定义为：凡是可以提供孤对电子，与其他原子形成稳定的电子构型的原子团或分子称为碱；凡是能够接受其他原子团或分子的孤对电子，使其自身的原子形成稳定电子构型的原子团或分子称为酸，即碱是电子对的给予体，酸是电子对的受体。实践表明酸碱反应是否容易发生，不仅依赖于酸和碱的强度，还取决于酸或碱的软度或硬度的特性。在大量实验现象和数据的基础上，Pearson 于 1963 年提出了软硬酸碱理论，定性地把酸碱分成软和硬两类，其中硬酸优先和硬碱配位，软酸优先和软碱配位。软硬酸碱理论提出后在化学研究中得到了广泛的应用，对于配合物稳定性解释具有重要意义。酸碱软硬的特征见表 2-13。

表 2-13　酸碱软硬的特征

性质	硬		软	
	硬酸	硬碱	软酸	软碱
电荷	较高的正电荷	较高的负电荷	较低的正电荷	较低的负电荷
电负性	低	高	高	低
氧化态	高	稳定	低	不稳定
体积	小	小	大	大
极化性	低	低	高	高
键性	离子键	离子键	共价键	共价键

　　根据酸碱软硬的特征，结合浮选体系，常见金属离子和药剂的软硬酸碱分类情况如表 2-14 所示。由表可见，Li^+、Na^+、K^+等碱金属和 Ca^{2+}、Mg^{2+}、Mn^{2+}、Al^{3+}、Co^{3+}、Fe^{3+}、Si^{4+}等金属离子都属于硬酸，这些金属离子常见于卤化物、氧化物、碳酸盐、硫酸盐、磷酸盐以及硅酸盐等矿物中，如钾盐、萤石、方解石、白云石、磷灰石、铝土矿、锡石、重晶石、赤铁矿、独居石、绿柱石等；与其相对应的硬碱为含氧原子和氮原子的分子与基团，如水、氢氧根离子、硫酸根离子、碳酸根离子、硝酸根离子、磷酸根离子、氨分子、羟基、羧基以及氨基化合物等；这些基团与氧化矿和硅酸盐矿常见的捕收剂结构一致，如浮选石英和硅酸盐矿物的胺类捕收剂，浮选铝土矿、铁矿、磷矿等氧化矿的脂肪酸类捕收剂。另外，氧化矿和盐类矿物浮选常用的调整剂大多数为硬碱，如纯碱、烧碱、磷酸、氟盐、

表 2-14　常见金属离子和药剂的软硬酸碱分类

	硬	交界	软
酸类	H^+, Li^+, Na^+, K^+, Mg^{2+}, Ca^{2+}, Sc^{3+}, Ga^{3+}, Cr^{3+}, Fe^{3+}, Mn^{2+}, Al^{3+}, Co^{3+}, Si^{4+}, Sn^{4+}, VO^{2+}, MoO_3^+, CO_2	Fe^{2+}, Co^{2+}, Ni^{2+}, Cu^{2+}, Zn^{2+}, Pb^{2+}, Sn^{2+}, Sb^{3+}, Bi^{2+}	Cu^+, Ag^+, Au^+, Hg^+, Pd^{2+}, Pt^{2+}, Cd^{2+}, Hg^{2+}
碱类	H_2O, OH^-, O^{2-}, F^-, PO_4^{3-}, SO_4^{2-}, CO_3^{2-}, ClO_4^-, NO_3^-, CH_3COO^-, ROH, RO^-, R_2O, NH_3, RNH_2	Br^-, NO_2^-, SO_3^{2-}, $C_6H_5NH_2$, C_5H_3N	I^-, S^{2-}, CN^-, CO, $S_2O_3^{2-}$, SCN^-, R_2S, RSH, RS^-, $ROCSS^-$, $RNCSS^-$, R_3P, $(RO)_3P$, RNO, C_6H_6

水玻璃等。由此可见，氧化矿、硅酸盐等非硫化矿的浮选药剂作用属于硬酸和硬碱作用，以离子键作用为主。

有色金属离子大部分属于交界酸，其硬度与结合的原子有关，如 Cu^{2+}、Pb^{2+} 与碳酸根离子结合，形成孔雀石 $[Cu_2(OH)_2CO_3]$ 和白铅矿（$PbCO_3$），Cu^{2+}、Pb^{2+} 变成硬酸，难以和巯基类软碱捕收剂作用；当 Cu^{2+}、Pb^{2+} 与 S^{2-} 作用后，形成铜蓝（CuS）和方铅矿（PbS），Cu^{2+}、Pb^{2+} 变成软酸，容易和巯基类软碱捕收剂作用。Ag^+、Au^+、Pd^{2+}、Pt^{2+} 等贵金属属于软酸，容易与硫化矿共伴生，如黄铁矿含金，黄铜矿含金和银，方铅矿含银，以及硫化镍矿含铂、钯等。硫化矿中的金属离子属于较软的酸，常用的巯基类捕收剂属于软碱，硫化矿与药剂的作用属于软酸与软碱作用，以共价作用为主。

在配位化学中，酸碱的软硬作用表现为 σ 键作用和 π 键作用。σ 电子对具有硬碱性质，σ 空轨道具有硬酸性质，因此配体的 σ 电子对与金属离子的 σ 空轨道作用为"硬亲硬"；同样道理，π 电子对为软碱，空 π 轨道为软酸，金属离子的 π 电子对与配体的空 π 轨道作用为"软亲软"。按照配位场理论，F^-、Cl^-、Br^-、OH^-、H_2O 等配体没有空 π 轨道，属于硬碱；而 R_3P、R_3As、R_2S、CO、CN^- 等具有空 π 轨道，属于软碱。由此可见，配位场中的强场配体对应软硬酸碱中的软碱，弱场配体对应硬碱。

2.7 浮选药剂与矿物作用的配位模型

一般情况下，配合物中金属离子的性质主要由相邻配体的性质决定，只有在一些特殊的情况下金属离子才会对比较远的配体敏感。因此，配位化学理论一方面适合用来描述配合物离子，如 $[Cu(NH_3)_4]^{2+}$，另一方面也适用于描述具有配位结构的矿物，如黄铁矿。由于化合价已经被大家熟悉，配位化学仍采用"价数"来描述金属离子形式上的正电荷。实际上这并不重要，因为配位化学研究的是电子构型，特别是 d 轨道的电子态，金属离子的电荷仍然由配体离子决定。例如，赤铁矿的铁是+3 价，是因为指定 Fe_2O_3 中配体氧为–2 价。因此可以认为配位化学理论能够同时描述浮选药剂分子、矿物晶体以及在浮选过程中的离子反应。浮选药剂与矿物表面作用属于二次配位作用，即药剂分子与矿物表面已经配位的金属离子发生再次配位作用。浮选药剂与矿物表面的配位作用遵循如下三条原则：

(1) 矿物表面金属离子具有半约束性质，浮选药剂与矿物表面的作用具有方向性、饱和性和空间位阻效应。

(2) 浮选药剂与矿物表面金属离子作用为配位作用，包括正向 σ 键或电价作用和反馈 π 键作用。

(3) 浮选药剂与矿物表面金属离子的作用会改变配体场结构，晶体场转换势垒影响药剂吸附的稳定性。

原则(1)实际上是晶体紧密堆积原理和配位价键理论在矿物浮选中的应用。首先,矿物表面金属离子必须有足够的空间,才能与浮选药剂分子发生作用,这是浮选药剂分子与矿物表面作用的物理空间要求。其次,浮选药剂分子尽量沿着矿物表面金属离子键断裂的方向成键,也就是轨道杂化的方向成键。例如,闪锌矿表面锌离子是三配位,轨道杂化为 sp^2 型,吸附药剂后锌离子变成四配位,轨道杂化为 sp^3 型,药剂分子的吸附方向应与 sp^3 杂化的方向一致。再如,黄铁矿表面铁原子为五配位,轨道杂化为 dsp^3 杂化型,吸附药剂后铁离子变成六配位,轨道杂化为 d^2sp^3 型,药剂分子的吸附方向也应与 d^2sp^3 杂化的方向一致。另外,药剂分子在金属离子上的吸附具有饱和性,即成键数量不能超过最大配位数。如黄铁矿表面五配位的铁原子只能和黄药分子的一个硫原子成键,不可能和两个硫原子成键,形成七配位结构,因为二价铁与硫配位的最大配位数为6。

原则(2)实际上是配位场理论在矿物浮选中的应用。药剂分子作为配体,矿物表面金属离子作为中心离子,二者发生配位作用。药剂分子提供孤对电子给表面金属离子空轨道,形成正向 σ 键作用,即 $R \rightarrow MS$;金属离子提供 π 电子对与药剂分子的空 π 轨道作用,形成反馈 π 键,即 $MS \rightarrow R$。这两种作用不一定同时发生,但能够互为协同作用。

原则(3)是晶体场稳定化能在矿物浮选中的应用,即吸附过程中配体场的转变对浮选的影响。例如,闪锌矿表面是平面三角形结构,吸附药剂后变成四面体结构,药剂吸附前后配体场发生变化,导致电子在 d 轨道重新分布,晶体场稳定化能发生变化。研究吸附前后晶体场稳定化能变化情况,可以了解吸附过程中的势垒及动力学行为。

下面以八面体强场下 Fe^{2+} 与黄药的作用进行说明,如图 2-29 所示。在八面体强场中,金属离子 d 轨道分裂为 e_g 和 t_{2g},其中 e_g 为 σ 轨道,t_{2g} 为 π 轨道。八面体强场中 d 电子为低自旋排布,有三对 π 电子填充在 t_{2g} 上,e_g 上有两个 σ 空轨道。黄药分子轨道上有孤对电子和空 π 轨道。根据浮选作用的配位场理论,黄药分子

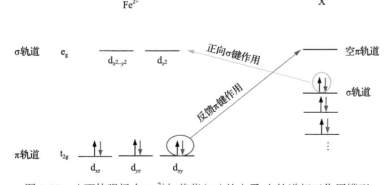

图 2-29　八面体强场中 Fe^{2+} 与黄药(X^-)的电子对-轨道相互作用模型

提供孤对电子给 Fe^{2+} 的 e_g 空轨道，形成 σ 配位键；Fe^{2+} 的 t_{2g} 轨道上的 π 电子对与黄药分子的空 π 轨道作用，形成反馈 π 键。在矿物浮选实践中，以上两种作用都有可能同时发生，也有可能以一种作用为主。一般而言，药剂属于碱类，具有给电子性，因此 σ 配位键都会存在，只是强弱不同而已；但是反馈 π 键不一定存在，π 键作用需要矿物金属离子具有 π 电子对，同时还要求药剂分子上有空 π 轨道，因此反馈 π 键作用具有选择性。

对于氧化矿而言，配体为弱场，金属离子 d 电子以高自旋排布为主，t_{2g} 轨道为单电子排布，缺乏 π 电子对，难以和药剂的空 π 轨道发生作用，以 σ 键作用为主，具有"硬亲硬"的特点。对于硫化矿而言，当配体为强场时，金属离子为低自旋态，t_{2g} 轨道有较多的 π 电子对，容易和药剂的空 π 轨道发生作用，形成反馈 π 键作用，以共价作用为主，具有"软亲软"的特点。为了简化讨论，可以认为氧化矿浮选以正向 σ 键作用为主，硫化矿浮选以反馈 π 键作用为主。

参 考 文 献

[1] McClure D S. The distribution of transition metal cations in spinels[J]. Physics and Chemistry of Solids, 1957, 3 (3-4): 311-317.

[2] George P, Donald S M. The effect of inner orbital splitting on the thermodynamic properties of transition metal compounds and coordination complexes//Cotton F A. Progress in Inorganic Chemistry[M]. New York: Interscience Publishers. Inc, 1959: I, 381-463.

[3] Waddington T C. Lattice energies and their significance in inorganic chemistry//Emeléus H J, Sharpe A G. Advances in Inorganic Chemistry and Radiochemistry[M]. New York: Academic Press, 1959: I, 157-221.

[4] 顾连新, 康伯尔 B. 不同成因类型磁黄铁矿中镍、钴的地球化学[J]. 地质与勘探, 1974, 3: 67-72, 80.

[5] Li Y Q, Chen J H, Chen Y, et al. DFT study of the influence of impurity on electronic properties and reactivity of pyrite[J]. Transactions of Nonferrous Metal Society of China, 2011, 21: 1887-1895.

[6] 陈与德. 络合物稳定常数的计算[J]. 高等学校化学学报, 1980, 1 (1): 9-16.

[7] 陈与德. 络合物稳定常数的归纳和分析[J]. 复旦学报 (自然科学版), 1977, (4): 50-62.

矿物表面配位的空间几何原理　第3章

矿物表面金属离子具有半约束性质，不仅在性质上被相邻原子约束，在空间结构上也被约束。这种空间约束限制了金属离子与药剂分子作用的自由度，也就是我们通常所说的空间位阻效应。矿物表面空间几何结构是浮选药剂作用的物理基础。本章采用价键理论和紧密堆积原理讨论矿物表面结构与药剂分子作用的空间几何关系。

3.1　配位作用空间几何基础

3.1.1　轨道杂化的空间结构

原子轨道具有一定的形状和方向，如图 3-1 所示。其中 s 轨道是以坐标原点为中心的球形结构；p 轨道的三个轨道分别是在 x 轴上的 p_x、y 轴上的 p_y 以及 z

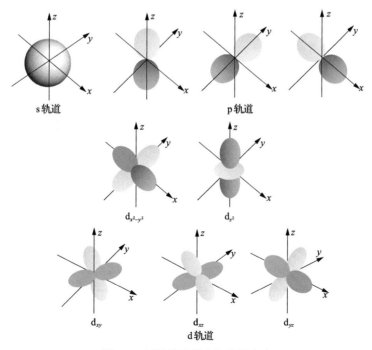

图 3-1　原子轨道的空间伸展方向

轴上的 p_z；d 轨道的五个轨道分布在五个方向上，其中 $d_{x^2-y^2}$ 轨道在 xy 平面上的 x 轴和 y 轴上，d_{z^2} 轨道在 z 轴上，d_{xy} 轨道在 xy 平面上的 x 轴和 y 轴之间，d_{xz} 轨道在 xz 平面上的 x 轴和 z 轴之间，d_{yz} 轨道在 yz 平面上 y 轴和 z 轴之间。

当原子之间发生作用时，不同能级的原子轨道会发生杂化作用，形成一组新的轨道，称为杂化轨道。由于不同的原子轨道具有不同的方向，不同类型的杂化轨道也就会出现不同的空间结构。图 3-2 是 s 轨道和 p 轨道杂化过程及空间结构。s 轨道和 p_x 轨道作用形成 sp 杂化轨道，其结构为直线形；s 轨道和 p_x、p_y 两个 p 轨道作用，形成 sp^2 杂化轨道，其结构为平面三角形；s 轨道和 p_x、p_y、p_z 三个 p 轨道作用，形成 sp^3 杂化轨道，其结构为四面体。

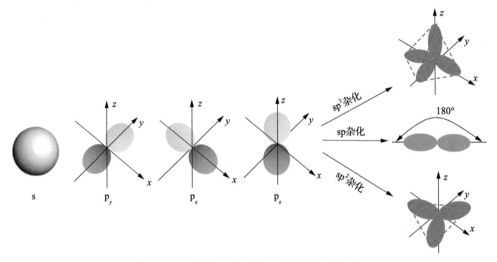

图 3-2 s 轨道和 p 轨道杂化过程及空间结构

对于有 d 轨道参与的杂化作用，空间结构会更加复杂一些。对于四配位结构，$d_{x^2-y^2}$ 轨道与 s、p_x、p_y 轨道发生杂化，形成 dsp^2 杂化轨道，由于四个轨道都在一个平面上，其结构为平面正方形。对于五配位结构，当 z 轴上的 d_{z^2} 轨道和 s、p_x、p_y、p_z 轨道发生杂化时，形成 dsp^3 杂化轨道，其结构为四方锥形；而当 $d_{x^2-y^2}$ 轨道与 s、p_x、p_y、p_z 杂化时，形成 dsp^3 杂化轨道，其结构为三角双锥形。对于六配位结构，d_{z^2} 和 $d_{x^2-y^2}$ 轨道与 s、p_x、p_y、p_z 杂化，形成 d^2sp^3 杂化轨道，其结构为正八面体。表 3-1 列出了常见杂化轨道类型与空间结构的关系。

表 3-1 常见杂化轨道类型与空间结构的关系

配位数	轨道杂化类型	参加杂化的原子轨道	构型	几何图形	实例
2	sp	s, p_x	直线形	○——●——○	CO_2

配位数	轨道杂化类型	参加杂化的原子轨道	构型	几何图形	实例
3	sp^2	s, p_x, p_y	平面三角形		闪锌矿(110)面
4	sp^3	s, p_x, p_y, p_z	四面体		黄铜矿、闪锌矿
4	dsp^2	$d_{x^2-y^2}$, s, p_x, p_y	平面正方形		孔雀石
5	dsp^3	d_{z^2}, s, p_x, p_y, p_z	三角双锥形		$Fe(CO)_5$
5	dsp^3	$d_{x^2-y^2}$, s, p_x, p_y, p_z	四方锥形		黄铁矿(100)面
6	d^2sp^3	d_{z^2}, $d_{x^2-y^2}$, s, p_x, p_y, p_z	正八面体		黄铁矿

3.1.2　晶体原子的紧密堆积

1. 结晶化学原理

原子形成晶体时，按照特定的空间结构进行排列，从而形成不同的结构。根据哥希密特(Goldschmidt)结晶化学定律，晶体的结构取决于其组成原子的数量关系、大小比例及极化性能。鲍林第一规则认为正负离子的半径比值决定了配位数的多少。表 3-2 列出了阳离子和阴离子半径比与配位数的关系，从表可见阳离子半径越小，阴离子半径越大，金属离子的配位数越小；反之，阳离子半径越大，阴离子半径越小，金属离子的配位数越大。

表 3-2 阳离子和阴离子半径比值与配位数的关系

$R_{阳离子}/R_{阴离子}$	配位数	常见分子或矿物
0.155~0.225	3	辉锑矿
0.225~0.414	4	闪锌矿、铜蓝、黄铜矿、萤石(四面体)、孔雀石(平面四边形)
0.414~0.732	6	方铅矿、黄铁矿、菱锌矿
0.732~1.000	8	白铅矿
1.000	12	硝酸铈铵

2. 紧密堆积原理

金属晶体和离子晶体中原子或离子的排列,在几何形式上可视为球体的堆积。这种堆积应遵循内能最小、在结构上最稳定的原则,因而要求球体尽可能相互靠近,占据最小的体积。在几何学上,把两球相切视为最近距离。

紧密堆积结构分为两种,一种是等大球体紧密堆积,如纯金属晶体;另一种是不等大球体的紧密堆积,如离子晶体。对于矿物而言,阳离子和阴离子的体积相差较大,一般采取不等大球体的紧密堆积。对于不等大球体堆积,如果球径差别较大,较小尺寸的球体可以近似填充在八面体或四面体空隙中,这种情况可以看成较大的球体做等大球体的最紧密堆积,较小的球体按其本身的大小,填充在八面体或四面体空隙中,此时就形成了不等大球体紧密堆积的一种方式。这种堆积方式在离子晶体构造分析中经常使用,这相当于半径较大的阴离子做最紧密堆积,半径较小的阳离子填充于空隙中,如图 3-3 所示。氯离子作为面心立方紧密堆积,钠离子填充在空隙中。

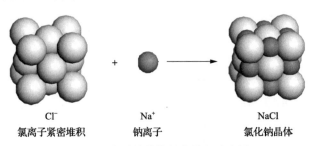

Cl⁻ Na⁺ NaCl
氯离子紧密堆积　钠离子　氯化钠晶体
图 3-3 离子晶体的紧密堆积示意图

紧密堆积结构以静电作用为主,阳离子暴露的面积越大,越容易和阴离子发生静电作用。一般来说，离子型、金属型、范德瓦耳斯力型晶体容易形成紧密堆积结构，其配位数严格符合阳离子和阴离子半径比值。对于以轨道杂化作用为主的共价晶体，成键作用具有方向性，应该不按照紧密堆积结构形成晶体，但实际上大部分硫化矿物晶体的配位数仍符合紧密堆积原理。例如，铁离子和硫离子的半径比：$R(Fe^{2+})/R(S^{2-})=0.413$，接近 0.414，因此黄铁矿的配位数为 6；锌离子和硫离子的半径比：$R(Zn^{2+})/R(S^{2-})=0.402$，小于 0.414，闪锌矿的配位数为 4；铜离子和硫离子的半径比：$R(Cu^{2+})/R(S^{2-})=0.397$，也是小于 0.414，铜蓝的配位数为 4；铅离子和硫离子的半径比：$R(Pb^{2+})/R(S^{2-})=0.647$，在 0.414～0.732 之间，方铅矿的配位数为 6。

　　对于辉钼矿而言，$R(Mo^{4+})/R(S^{2-})=0.359$，在 0.225～0.414 之间，按理说应该是四配位晶体结构，但实际上辉钼矿晶体是六配位结构。辉钼矿是典型的共价晶体，Mo^{4+} 的外层电子结构为 $4d^25s^05p^0$，有 3 个空的 d 轨道，因此可以形成 d^2sp^3 杂化轨道，从而形成六配位紧密堆积结构，如图 3-4(a) 所示。对于辉锑矿，$R(Sb^{3+})/R(S^{2-})=0.489$，按照紧密堆积模型，应该是六配位，实际上辉锑矿中的锑是三配位，如图 3-4(b) 所示。Sb^{3+} 外层电子结构为 $5s^25p^0$，可以形成 sp^2 杂化轨道，从而形成三配位结构。同样对于具有相同外层电子结构的 Bi^{3+}，价电子层结构为 $6s^26p^0$，和辉锑矿相同，铋离子和硫离子的半径比：$R(Bi^{3+})/R(S^{2-})=0.521$，大于 0.414，但是辉铋矿没有按照紧密堆积模型形成六配位结构，而是和辉锑矿一样形成 sp^2 杂化轨道，从而形成三配位结构。需要指出的是，对于 Sb^{3+} 和 Bi^{3+}，其外层上都有一孤对电子，会对配体产生排斥作用，导致三个配体与金属离子不在一个平面上。

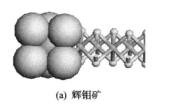

(a) 辉钼矿　　　　　　　　　　(b) 辉锑矿

图 3-4　辉钼矿和辉锑矿的配位结构

　　在元素周期表中铋原子($6s^26p^3$)与铅原子($6s^26p^2$)相邻，Pb^{2+} 外层电子结构为 $6s^26p^0$，和 Sb^{3+} 和 Bi^{3+} 的外层电子结构相似，Pb^{2+} 也应该以轨道杂化为主，形成三配位的方铅矿。然而方铅矿晶体为六配位结构，即 Pb^{2+} 与六个硫原子相连形成紧密堆积结构。这是由于 Pb^{2+} 的极化率较大，容易产生诱导偶极作用，有利于配体和 Pb^{2+} 发生静电作用，从而形成紧密堆积结构。

　　根据统计发现，晶体在 230 种空间群中的分布是不均匀的，有相当一部分空间群是没有化合物的，而 74% 的化合物集中分布在具有对称性的空间群中。具有对称性的晶体结构原子堆积比较紧密，能量更低一些，结构也更加稳定，因此一般认为晶体在对称性的空间群中分布的概率大一些。另外，晶体不同于分子，在结构上除了需要化学性质稳定外，还需要力学结构稳定，才能形成稳定的晶体结构，这也是矿物晶体在结构上大多符合紧密堆积原理的内在原因。

3.2 最大配位数的几何原理

金属离子的配位数与其配位空间结构有关，其中最重要的就是离子的大小，即离子半径。如图 3-5 所示，当阳离子和阴离子大小合适，形成如图 3-5(a)所示紧密堆积结构；阳离子半径过小或者阴离子半径过大都不能形成结构稳定的配位结构，如图 3-5(b)~(d)所示。

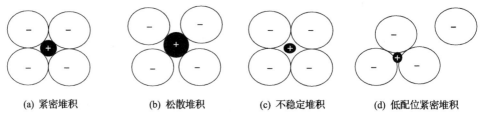

(a) 紧密堆积　　　(b) 松散堆积　　　(c) 不稳定堆积　　　(d) 低配位紧密堆积

图 3-5　阳离子和阴离子大小对配位结构稳定性的影响示意图

按照紧密堆积模型，金属离子的配体为紧密堆积结构时，配位数最大。下面采用几何学来证明阳离子和阴离子的半径比值与最大配位数的关系。

3.2.1　三配位紧密堆积结构

对于三配位结构，三个配体构成平面等边三角形，金属离子 M 位于三角形中心，如图 3-6(a)所示。三配位结构的离子半径关系可以简化为图 3-6(b)的几何问题：三个等径的圆两两相切，中心一个小圆 M 和三个大圆相切，求小圆和大圆的半径比 $R_小/R_大$。

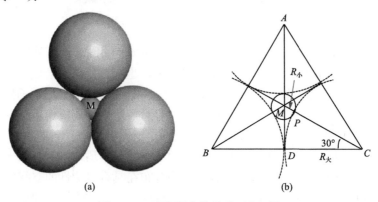

(a)　　　　　　　　(b)

图 3-6　三配位紧密堆积平面几何图

根据等边三角性的性质有：$AD \perp BC$，$\angle MCB = 30°$，有

$$\cos 30° = \frac{CD}{MC} = \frac{R_大}{R_大 + R_小} \tag{3-1}$$

求解式(3-1)，得

$$\frac{R_小}{R_大} = \frac{2 - \sqrt{3}}{\sqrt{3}} \approx 0.155$$

3.2.2　四配位紧密堆积结构

对于四配位结构，相当于四个等径大球两两相切时，中心放置一小球，小球和大球两两相切时，形成如图 3-7(a)所示的四面体紧密堆积。根据四面体内部结构，如图 3-7(b)所示，四配位结构离子的半径关系可以简化为如图 3-8 所示的平面几何问题：半径为 $R_大$ 的两个等径 A 和 D 大球相切于 E 点，半径为 $R_小$ 的小球 M 分别与大球 A 和 D 相切，求 $R_小 / R_大$。

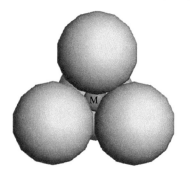
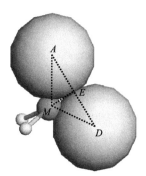

(a) 紧密堆积结构　　　　　　　　(b) 剖视结构

图 3-7　四面体紧密堆积构型示意图

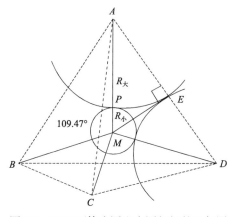

图 3-8　正四面体小圆和大圆相切的几何图

根据条件可知，$AM=DM=R_大+R_小$，$AE=DE=AP=R_大$。另外，$\triangle AMD$ 是等腰三角形，同时 E 是 AD 中点，根据等腰三角形性质，$ME\perp AD$，因此 $\angle AEM=90°$，于是有

$$\sin\angle AME = \frac{AE}{AM} = \frac{R_大}{R_大+R_小} \tag{3-2}$$

另外，对于正四面体，$\angle AMB=\angle AMD=109.47°$，因此

$$\sin\angle AME = \sin\frac{1}{2}\angle AMD = \sin\frac{109.47°}{2} \approx 0.816$$

代入式(3-2)，可求得

$$\frac{R_小}{R_大} \approx 0.225$$

3.2.3 六配位紧密堆积结构

六配位结构为八面体，如图 3-9(a)所示。根据图 3-9(b)剖视图，八面体配位结构的阳离子和阴离子半径大小关系可以转换为如图 3-10 所示的平面几何问题：半径为 $R_大$ 的 A、B、C、D 四个等径大圆两两相切，中心一直径为 $R_小$ 的小圆 M 同时与四个大圆相切，求小圆和大圆的半径比值 $R_小/R_大$。

根据条件，$ABCD$ 是正方形，两条对角线 AC 和 BD 相交于 M 点，有 $AC\perp BD$。因此，$\triangle CMD$ 是等腰直角三角形。根据勾股定理，有

$$CM^2 + MD^2 = CD^2 \tag{3-3}$$

即

$$2(R_大+R_小)^2 = (2R_大)^2 \tag{3-4}$$

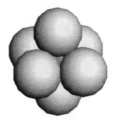

(a) 紧密堆积结构

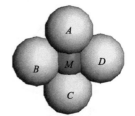

(b) 剖视结构

图 3-9 八面体紧密堆积构型示意图

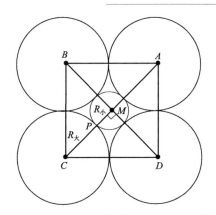

图 3-10　八面体紧密堆积的平面几何示意图

求式(3-4)，解得

$$\frac{R_小}{R_大} = \sqrt{2} - 1 \approx 0.414$$

3.2.4　八配位紧密堆积结构

当八配位化合物为立方结构时，配体在八个顶点上，金属离子在立方体中心，如图 3-11(a)所示。根据图 3-11(b)可以简化为如图 3-12 所示的立体几何问题：对于立方体 $ABCDEFGH$，顶点有一半径为 $R_大$ 的大圆 D，立方体中心有一半径为 $R_小$ 的小圆 M，两个圆相切于 P，求小圆和大圆的半径比值 $R_小 / R_大$。

根据立方体的性质，$DH \perp$ 面 $EFGH$，可得 $DH \perp FH$，因此 $\angle DHF=90°$，因此 $\triangle FHD$ 为直角三角形，根据勾股定理：

$$HD^2 + FH^2 = FD^2 \tag{3-5}$$

立方体的边长都相等，且从图 3-11 和图 3-12 可知，$HD=2R_大$，因此有

$$FH^2 = GH^2 + FG^2 = 2HD^2 = 2(2R_大)^2 = 8R_大^2 \tag{3-6}$$

(a)　立方体紧密堆积结构

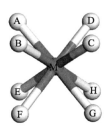

(b)　球棍图

图 3-11　八配位立方体结构示意图

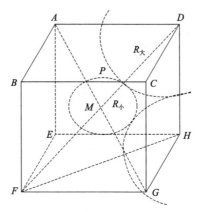

图 3-12　八配位立方体紧密堆积结构的立体几何图

立方体的对角线相交于点 M，有 $FD = 2MD = 2(R_大 + R_小)$

根据以上条件，可得

$$(2R_大)^2 + 8R_大^2 = [2(R_大 + R_小)]^2 \tag{3-7}$$

最终求得

$$\frac{R_小}{R_大} = \sqrt{3} - 1 \approx 0.732$$

根据上面的讨论，紧密堆积结构对配位离子有空间几何的限制，最大配位数与离子半径大小的关系为

$$0.155 \leqslant \frac{R_阳}{R_阴} < 0.225, \quad 最大配位数为 3$$

$$0.225 \leqslant \frac{R_阳}{R_阴} < 0.414, \quad 最大配位数为 4$$

$$0.414 \leqslant \frac{R_阳}{R_阴} < 0.732, \quad 最大配位数为 6$$

$$0.732 \leqslant \frac{R_阳}{R_阴} < 1.0, \quad 最大配位数为 8$$

因此，阳离子和阴离子半径比值在 0.155～0.225 为三配位，0.225～0.414 为四配位，0.414～0.732 为六配位，0.732～1.0 为八配位。

3.3　金属离子配位数与空间结构关系

采用密度泛函理论研究了铜、铅、锌、铁二价离子与氧配体(H_2O)和硫配体(H_2S)的配位数与空间结构的关系。图 3-13 是锌离子与硫配体和氧配体作用的空间结构。

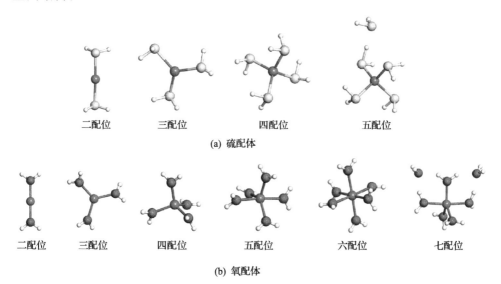

(a) 硫配体

(b) 氧配体

图 3-13　锌离子与硫配体(a)和氧配体(b)作用的空间结构

从图 3-13 可见，在配位数为 2～4 的情况下，锌离子与氧配体和硫配体的配位结构相似，二配位为直线形，三配位为平面三角形，四配位为四面体。当配位数超过 4 后，硫配体不再与锌离子发生配位作用，这与硫离子半径较大有关。锌离子半径为 0.74Å，硫离子半径为 1.84Å，锌离子半径与硫离子半径之比为 0.402，根据紧密堆积模型，最大配位数为 4，因此锌离子不能与第五个硫配体配位。对于氧配体，氧离子半径较小，仍然可以继续与锌离子发生配位作用，当配位数为 5 时，形成四方锥结构；配位数为 6 时，形成八面体结构；配位数为 7 时，配体氧不再与锌离子发生配位作用。这是因为锌离子半径为 0.74Å，氧离子半径为 1.40Å，锌离子半径与氧离子半径之比 0.529，最大配位数为 6。锌离子与水分子和硫化氢分子这两种配体作用的最大配位数与紧密堆积原理预测完全一致。

在实际氧化锌矿物中，如图 3-14(a)所示菱锌矿，其晶体中的锌配位数为 6，符合紧密堆积模型，表明氧化锌晶体以静电作用为主，共价作用较少，因此氧化锌亲水性强，不能用黄药捕收，容易和含氮的硬碱药剂作用。硫化锌矿物晶体为四配位结构，如图 3-14(b)所示，硫化锌晶体既符合紧密堆积原理，也符合价键理论(sp³杂化)，表明硫化锌有较强的共价作用，倾向于和含硫的软碱药剂作用。

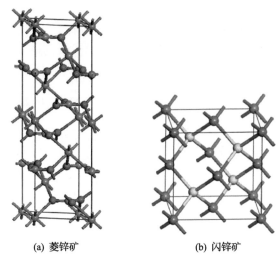

(a) 菱锌矿　　　　　　　　　(b) 闪锌矿

图 3-14　菱锌矿和闪锌矿的晶体结构

图 3-15 是二价铁离子与氧配体和硫配体作用的空间结构。从图可见，Fe^{2+} 与氧配体和硫配体作用的配位结构相似，二配位为直线结构，三配位为平面三角形，四配位为四面体，五配位为四方锥，六配位为八面体，配位数超过 6，Fe^{2+} 不再与配体发生作用，因此 Fe^{2+} 的最大配位数为 6。

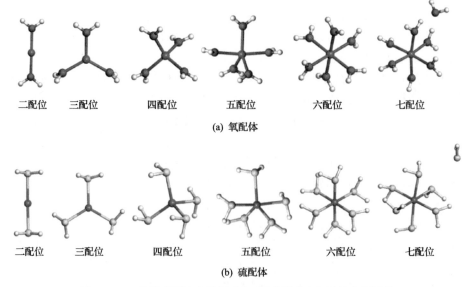

二配位　　三配位　　四配位　　五配位　　六配位　　七配位

(a) 氧配体

二配位　　三配位　　四配位　　五配位　　六配位　　七配位

(b) 硫配体

图 3-15　二价铁离子与氧配体(a)和硫配体(b)作用的空间结构

Fe^{2+} 的外层电子结构为 $3d^64s^04p^0$，d 有两个空轨道，可以和 4s、4p 上的 4 个空轨道作用形成 d^2sp^3 杂化轨道，接受六对孤对电子，形成六配位结构。另外，Fe^{2+} 的半径为 0.76Å，S^{2-} 的半径为 1.84Å，O^{2-} 的半径为 1.40Å，Fe^{2+} 半径与 S^{2-} 和 O^{2-} 半径之比分别为 0.413 和 0.543，最大配位数均为 6。由此可见，Fe^{2+} 与氧配体和硫配体的作用既可以用价键理论解释，也可以用紧密堆积原理解释。氧配体属于硬碱，静电作用强，倾向于紧密堆积作用，静电作用因素更多一些；硫配体属于软碱，静电作用较弱，采用轨道杂化作用解释更合理。

在实际的亚铁矿物中，Fe^{2+} 的配位数与理论计算结果完全一致，如图 3-16 所示。氧化亚铁晶体中 Fe^{2+} 与六个氧配位，硫化亚铁晶体中 Fe^{2+} 与六个硫配位，都是六配位结构。

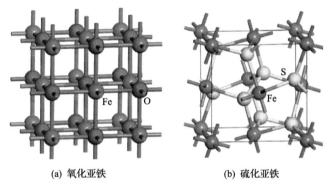

(a) 氧化亚铁　　　　　　　　　(b) 硫化亚铁

图 3-16　亚铁离子的氧化物和硫化物晶体结构

图 3-17 是氧配体和硫配体与 Cu^{2+} 作用的空间结构。由图 3-17(a)可见，Cu^{2+} 的配位结构比较复杂，对于氧配体，二配位为直线形，三配位为三角形，四配位为平面正方形，五配位则不能形成，六配位为八面体结构。由于姜-泰勒效应，六配位结构会形成拉伸八面体，六个铜氧键长为两长(2.43Å)四短(2.14Å)。Cu^{2+} 的半径为 0.72Å，O^{2-} 的半径为 1.40Å，Cu^{2+} 半径与 O^{2-} 半径之比为 0.514，按照紧密

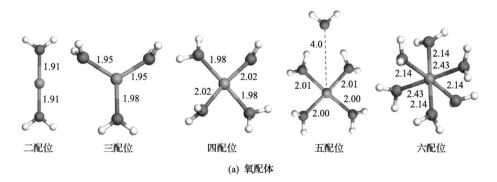

二配位　　　　　三配位　　　　　四配位　　　　　五配位　　　　　六配位

(a) 氧配体

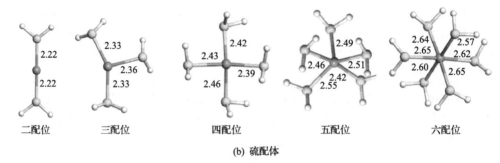

二配位　　　三配位　　　　四配位　　　　五配位　　　　六配位

(b) 硫配体

图 3-17　二价铜离子与氧配体(a)和硫配体(b)作用的空间结构(单位：Å)

堆积原理最大配位数为6，可以形成八面体结构。从键长数据来看，O^{2-}与Cu^{2+}更倾向于形成四配位结构，在五配位和六配位结构中都出现四个键长较短，其余键长较大的现象，在结构上不如四配位稳定。

对于硫配体，Cu^{2+}的半径为0.72Å，S^{2-}的半径为1.84Å，Cu^{2+}半径与S^{2-}半径之比为0.391，最大配位数为4，因此Cu^{2+}六配位结构稳定性差。从图3-17(b)可见，四配位的铜硫键长短于二者离子半径之和2.56Å，表明铜硫键存在较多的共价成分。五配位结构中的铜硫键长明显比四配位长，六配位结构中铜硫键长已经超过二者离子半径之和，因此Cu^{2+}与硫配体作用比较稳定的结构是四配位结构。按照价键理论，Cu^{2+}的外层电子结构是$3d^9 4s^0 4p^0$，可以形成sp^3杂化轨道，也是四面体结构。

在实际矿物中，氧化铜晶体为平面正方形结构，如图3-18(a)所示；硫化铜为四面体结构，如图3-18(b)所示。氧化铜矿物以离子键为主，晶体结构符合紧密

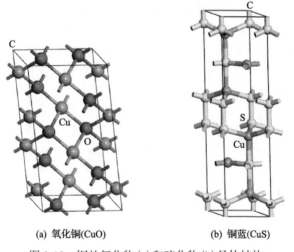

(a) 氧化铜(CuO)　　　　　　(b) 铜蓝(CuS)

图 3-18　铜的氧化物(a)和硫化物(b)晶体结构

堆积原理。硫化铜晶体的共价性较强，更倾向于采用轨道杂化方式成键，符合价键作用。

图 3-19 是 Pb^{2+} 与氧配体和硫配体作用的空间结构。由图可见，Pb^{2+} 的配位结构和其他离子有些不同，二配位不是直线形，三配位结构中 Pb^{2+} 和三个配体不在一个平面上，同样四配位和五配位 Pb^{2+} 都有相似的现象。造成这一现象的主要原因是 Pb^{2+} 的外层电子结构为 $6s^2 6p^0$，6s 轨道上的孤对电子会对配体产生排斥作用。如果把孤对电子也看作一个配体，那么就很容易解释 Pb^{2+} 的配位结构，即二配位结构相当于三配位的平面三角形，四配位结构相当于五配位的四方锥结构，五配位相当于六配位的八面体结构。

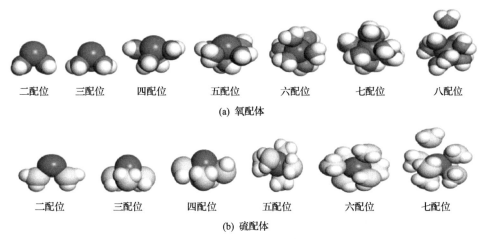

(a) 氧配体

(b) 硫配体

图 3-19　二价铅离子与氧配体(a)和硫配体(b)作用的空间结构

Pb^{2+} 的半径为 1.2Å，与 O^{2-} 和 S^{2-} 的半径比值分别为 0.857 和 0.652，按照紧密堆积原理，Pb^{2+} 与氧配体和硫配体的最大配位数分别为 8 和 6，对于氧配体需要考虑孤对电子的作用，相当于减去一个配体，正好是氧化铅的最大配位数 7。因此 Pb^{2+} 与氧配体和硫配体作用都符合紧密堆积原理。由于 Pb^{2+} 的特殊性，外层电子结构为 $6s^2 6p^0$，最多只有 3 个空轨道，无法提供更多的杂化轨道进行配位。因此铅的配合物以静电作用为主，Pb^{2+} 具有较大的极化率，增强了 Pb^{2+} 与配体的作用。

在实际矿物的晶体结构中，如图 3-20 所示，白铅矿中的铅为七配位结构，方铅矿中的铅为六配位结构，与理论预测的配位数一致。考虑到 Pb^{2+} 的外层电子结构为 $6s^2 6p^0$，不太可能是价键作用，铅矿物应该以紧密堆积作用为主。氧化铅和硫化铅的具体配位作用机制，将在后面详细讨论。

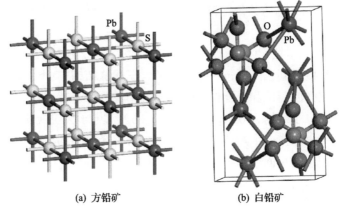

(a) 方铅矿   (b) 白铅矿

图 3-20   方铅矿(a)和白铅矿(b)的晶体结构

3.4   四配位化合物的空间结构选择

价键理论虽然能够解释大部分配合物的结构，却不能解释铜配合物的结构。按照价键理论，Cu^{2+}的电子构型为 $3d^9 4s^0 4p^0$，应该采取 sp^3 杂化构型，即四面体结构。然而 Cu^{2+} 与水分子和氨分子配位时，密度泛函理论计算和实际测定结果都表明它们是平面正方形结构，如图 3-21 所示。

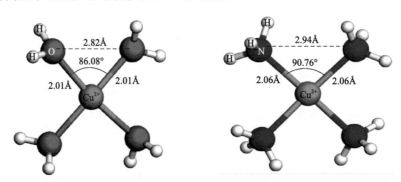

图 3-21 $[Cu(H_2O)_4]^{2+}$和$[Cu(NH_3)_4]^{2+}$配合物的空间结构

按照价键理论，平面正方形是 dsp^2 杂化，意味着 3d 轨道上的一个电子被激发到 4p 轨道上：

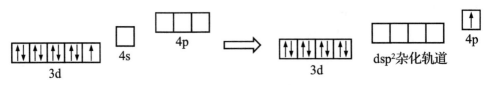

对于上述结构，由于 4p 轨道能量较高，容易失去电子，铜配合物中会出现三价，但实际中并没有发现三价铜配合物存在，因此价键理论不能解释铜配合物的平面正方形结构。

我们采用密度泛函理论计算了二价铜离子与硫化氢分子和氰根离子的四配位络合物结构，结果如图 3-22 所示，$[Cu(H_2S)_4]^{2+}$ 和 $[Cu(CN)_4]^{2-}$ 并不是平面正方形结构，而是四面体结构。在实际矿物晶体中，黄铜矿、铜蓝也都是四面体结构。以上结果说明铜离子的四配位络合物既可以是平面正方形，也可以是四面体结构。

对于同一个中心离子的四配位络合物，为何会出现不同空间结构的现象？从晶体场稳定化能来看，不管是强场配体，还是弱场配体，铜离子的平面正方形晶体场稳定化能都是–12.28Dq，远远低于四面体（–1.78Dq）。按照这一结果，铜离子的四配位结构应该都是平面正方形。但实际上铜离子与水分子和氨分子形成的四配位络合物为平面正方形结构，而与硫化氢和氰根离子形成的四配位络合物则为四面体结构。最有可能的解释是价键理论过于简单，没有考虑轨道能级分裂以及空间位阻的影响。

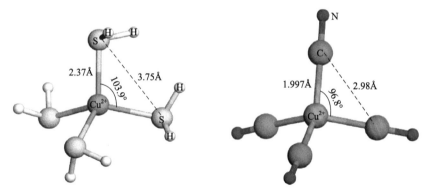

图 3-22　$[Cu(H_2S)_4]^{2+}$ 和 $[Cu(CN)_4]^{2-}$ 配合物的空间结构

对于铜氨络合物的平面正方形结构，N—N 之间的键长为 2.94Å，如图 3-21 所示，这一距离比两个 N 原子范德瓦耳斯半径 3.00Å 稍小，表明正方形结构的 $[Cu(NH_3)_4]^{2+}$ 已经是紧密堆积结构。现在假设把 $[Cu(NH_3)_4]^{2+}$ 结构变为四面体结构，保持铜和氮原子的作用不变，即 Cu—N 键长不变，如图 3-23 所示。

根据图 3-21，可知 Cu—N 键长 2.06Å，正四面体为 sp^3 杂化，配体之间的夹角为 109°，可知：

$$\angle N_1MN_2=109°28', \quad N_1M=2.06Å$$

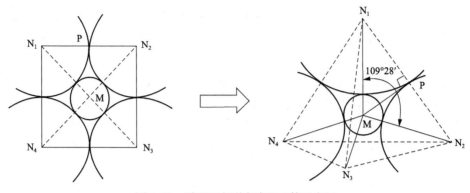

图 3-23 平面正方形变成四面体示意图

那么

$$\sin \frac{1}{2} \angle N_1MN_2 = \sin 54.5° = \frac{N_1P}{N_1M} \tag{3-8}$$

求得

$$N_1P=1.677\text{Å}$$

故两个氮原子之间的距离：

$$N_1N_2=2N_1P=3.354\text{Å}$$

很明显四面体结构中的两个氮原子的距离 3.354Å 已经大于它们的范德瓦耳斯半径之和 3.00Å，因此$[Cu(NH_3)_4]^{2+}$四面体不是紧密堆积结构，结构松散，不如平面正方形稳定。同样可以证明$[Cu(H_2O)_4]^{2+}$也只有采取平面正方形结构，才能形成紧密堆积结构。

对于四面体结构的$[Cu(H_2S)_4]^{2+}$，在保持铜硫作用不变的情况下，从四面体结构变成平面正方形结构，如图 3-24 所示。

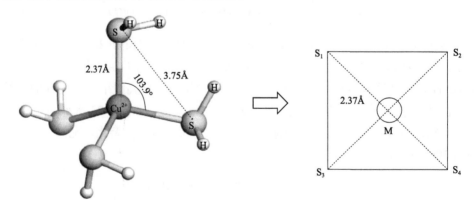

图 3-24 四面体变成平面正方形示意图

根据条件，有 $S_1M = S_2M = S_3M = S_4M = 2.37\text{Å}$，$\angle S_1MS_2 = 90°$，因此

$$S_1M^2 + S_2M^2 = S_1S_2^2 \tag{3-9}$$

可求得

$$S_1S_2 = 3.35\text{Å}$$

由此可见，当 $[Cu(H_2S)_4]^{2+}$ 从四面体变成平面正方形后，两个硫原子之间的距离只有 3.35Å，小于两个硫原子范德瓦耳斯半径之和 3.60Å，此时硫原子之间会产生较大的斥力，属于不稳定结构。因此 $[Cu(H_2S)_4]^{2+}$ 只能形成紧密堆积的四面体结构，而不能形成平面正方形结构。同理，也可以证明 $[Cu(CN)_4]^{2-}$ 络合物采用四面体构型比平面正方形更稳定。

从以上的讨论可知，配位化合物采取哪一种几何构型，不仅与轨道结构有关，还与配体的作用有关。例如，对于水分子和氨分子配体，以静电作用为主，在形成配合物时一般会采用紧密堆积构型，而不是轨道杂化构型；而对于硫化氢和氰根离子，共价作用比较强，在形成配合物时一般会采用轨道杂化构型。另外，中心离子上的孤对电子也会对结构产生影响，如二价铅配合物。

3.5 氧化矿表面硫化作用的空间位阻效应

在有色金属氧化矿浮选中，硫化-黄药法是最常用的一种方法。其原理是通过与硫化钠反应，在氧化矿表面形成一层金属硫化物，然后用黄药进行捕收。例如，白铅矿和孔雀石与硫化钠作用后，白铅矿表面形成硫化铅，孔雀石表面形成硫化铜。因此，氧化矿表面能否形成稳定的金属硫化物是硫化-黄药法的关键。能够用黄药捕收的金属硫化矿有黄铁矿、黄铜矿、方铅矿、闪锌矿等，而相应的氧化矿有赤铁矿、孔雀石、白铅矿、菱锌矿。然而并不是所有的金属氧化矿都可以用硫化-黄药法回收，孔雀石和白铅矿效果好，菱锌矿效果较差，赤铁矿则没有见到报道。孔雀石、白铅矿、菱锌矿的硫化机理有许多报道，都是从表面化学的角度来考察硫化膜的形成机制，本节从矿物表面空间位阻来探讨这几种常见金属氧化矿物的硫化难易程度。

3.5.1 赤铁矿表面五配位铁

赤铁矿是常见铁矿物，在浮选中一般用含氧酸捕收剂进行回收，选择性差，回收率低，成本高。而另一种含铁矿物黄铁矿，采用黄药作捕收剂，不仅回收率高，而且成本低。那么，赤铁矿表面是否可以实现硫化，然后再用黄药进行浮选？下面对赤铁矿表面的空间结构进行分析。根据紧密堆积模型，三价铁离子和氧离子的半径比值为

$$\frac{R_{\mathrm{Fe}^{3+}}}{R_{\mathrm{O}^{2-}}} = \frac{0.645}{1.40} \approx 0.461 \qquad (3\text{-}10)$$

该比值大于 0.414，表明三价铁离子和氧离子可以形成六配位的紧密堆积结构。赤铁矿晶体结构如图 3-25(a)所示，铁原子与六个氧原子相连，铁的配位数为 6，与理论预测一致。

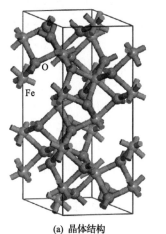

(a) 晶体结构   (b) 表面五配位结构

图 3-25 赤铁矿的晶体结构和表面五配位结构

根据紧密堆积模型，三价铁离子与氧配体的最大配位数为 6，即每个氧原子需要与 1/6 的 Fe^{3+} 空间进行作用。当赤铁矿六配位的一个铁氧键断裂后，形成如图 3-25(b)的表面五配位铁的结构，表面 Fe^{3+} 剩余 1/6 的空间可以用来和其他配体作用。根据 Fe^{3+} 和 S^{2-} 半径，可以求得二者的半径比：

$$\frac{R_{\mathrm{Fe}^{3+}}}{R_{\mathrm{S}^{2-}}} = \frac{0.645}{1.80} \approx 0.358 \qquad (3\text{-}11)$$

该比值大于 0.212，但小于 0.414，表明 Fe^{3+} 与 S^{2-} 的最大配位数是 4，即在 S^{2-} 和 Fe^{3+} 形成的紧密堆积结构中，一个 S^{2-} 需要 1/4 的 Fe^{3+} 空间。但是赤铁矿表面五配位的 Fe^{3+} 只能提供 1/6 的空间，明显小于 S^{2-} 作用所需要的空间，因此赤铁矿表面五配位铁和硫离子之间存在空间位阻，不能作用。

图 3-26 是采用密度泛函理论计算的硫氢根离子在赤铁矿表面五配位铁原子上的吸附结构。由图 3-26(a)可见，硫氢根离子中硫原子与赤铁矿表面的铁原子的距离为 3.21Å，远远超过硫原子和铁原子的半径之和 2.50Å，表明硫氢根离子和赤铁矿表面作用很弱；从图 3-26(b)也可看出，由于铁原子周围氧原子的空间位阻作用，硫氢根离子中的硫原子不能与赤铁矿表面铁原子接触。一般而言，化学作用

要求原子之间的距离不超过半径之和的 20%, 铁原子和硫原子之间的距离已经明显超过这一距离, 因此硫氢根离子和赤铁矿表面五配位铁原子不能发生化学作用, 形成硫化铁产物。

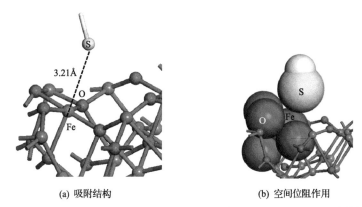

(a) 吸附结构   (b) 空间位阻作用

图 3-26   硫氢根离子与赤铁表面五配位铁原子作用的密度泛函理论计算结果

3.5.2   菱锌矿表面五配位锌

菱锌矿是最常见的氧化锌矿物, 其分子式为 $ZnCO_3$, 在菱锌矿晶体中, 锌原子与六个氧原子连接, 形成六配位结构。根据前面的讨论, 锌原子和氧原子的作用属于紧密堆积, 如图 3-27(a)所示。当一个 Zn—O 键发生断裂, 在菱锌矿表面

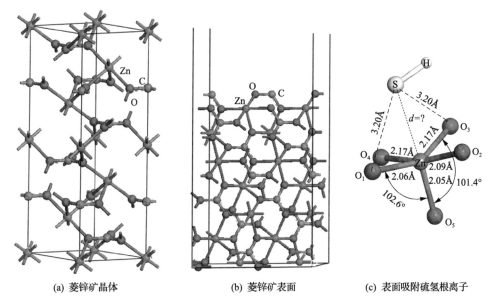

(a) 菱锌矿晶体   (b) 菱锌矿表面   (c) 表面吸附硫氢根离子

图 3-27   菱锌矿晶体、表面五配位结构及吸附硫氢根离子模型

形成五配位的结构，形成如图 3-27(b) 表面弛豫后结构。图 3-27(c) 是硫氢根离子与表面锌离子在紧密堆积下的构型。菱锌矿表面五配位锌离子的硫化作用可以转换为图 3-28 的立体几何问题。

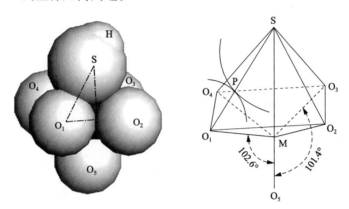

图 3-28　五配位菱锌矿表面与硫氢根离子作用的几何示意图

已知一个小球 M，分别与 O_1、O_2、O_3、O_4、O_5 五个大球两两相切，形成四方锥结构，此时在四方锥上方放置一个大球 S，并与球 O_1、O_2、O_3、O_4 两两相切，求此条件下球 S 和球 M 两球的距离 SM。

氧和硫的范德瓦耳斯半径(与离子半径相近)分别为 1.40Å 和 1.80Å，两球相切于 P 点，因此 $SO_1=SP+PO_1=3.20$Å，且 $SO_1=SO_2=SO_3=SO_4$；根据图 3-27(c) 五配位锌的结构数据，可知 $O_1M=2.06$Å，$\angle O_1MO_5=102.6°$，假定 O_5MS 三点在一条直线上，可得

$$\angle O_1MS=180°-102.6°=77.4°$$

根据余弦公式，有

$$O_1M^2 + SM^2 - 2O_1M \cdot SM \cdot \cos\angle O_1MS = SO_1^2 \tag{3-12}$$

代入数据后，整理得

$$SM^2 - 0.898SM - 5.99 = 0 \tag{3-13}$$

这是一个一元二次方程，有两个解，取其正值：

$$SM = \frac{0.898 + \sqrt{0.898^2 + 4 \times 5.99}}{2} = 2.94 \ (\text{Å})$$

由此可见菱锌矿表面五配位的锌离子与硫氢根离子的最小距离为 2.94Å，这

一距离已经超出了硫离子和锌离子的半径之和 2.50Å，因此硫氢根离子与氧化锌表面锌离子作用非常弱。另外，我们还可用最大配位数来分析菱锌矿表面五配位锌离子与硫氢根离子作用的空间位阻。锌离子与氧离子的半径比大于 0.414，根据紧密堆积原理，锌与氧配位的最大配位数为 6，即每个氧配体至少需 1/6 的锌离子空间。当锌与硫原子配位时，半径比小于 0.414，理论上最大配位数为 4，即每个硫配体至少需 1/4 的锌离子空间。而五配位锌最多能够提供 1/6 的锌离子空间，小于硫配体作用所需要的 1/4 的锌原子空间。因此，五配位的锌离子无法和硫离子形成紧密堆积构型，五配位氧化锌表面难以和硫氢根离子发生作用。

硫氢根离子与菱锌矿表面五配位锌离子作用的密度泛函理论计算结果见图 3-29。从图可见硫氢根离子与锌离子之间的距离为 2.844Å，与空间几何分析结果 2.94Å 接近，远大于硫离子和锌离子的半径之和 2.50Å，因此硫氢根离子和菱锌矿表面五配位锌离子作用非常弱。在实践中，菱锌矿也难以硫化，甚至需要加温，硫化膜非常不稳定，目前工业上也尚未有硫化-黄药法回收氧化锌的报道。

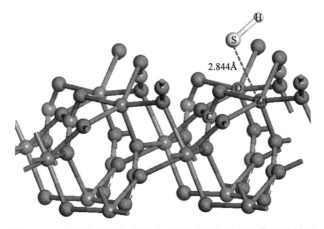

图 3-29　硫氢根离子与菱锌矿表面五配位锌离子作用的构型

3.5.3　孔雀石表面四配位铜

二价铜的半径为 0.72Å，与二价锌半径 0.74Å 非常相近，按照 3.5.2 节的讨论，氧化铜矿的硫化作用也应该和菱锌矿一样具有空间位阻作用。实际上常见氧化铜矿很容易硫化，如孔雀石和赤铜矿，在 pH 为 8～9 时就可获得理想的硫化浮选效果。造成氧化铜矿和氧化锌矿截然不同的硫化效果的原因，除了铜离子和锌离子性质差异外，最重要的原因还是氧化铜矿具有不同于氧化锌矿的晶体结构。

二价铜和氧离子的半径比为 0.514，大于六配位的理论最小比值 0.414，氧化铜理论上最大配位数为 6。实际上氧化铜矿晶体结构中铜的配位数为 4，而且呈正方形结构，如图 3-30(a)孔雀石晶体结构所示。孔雀石的分子式为 $Cu_2(OH)_2CO_3$，一个铜原子与四个氧原子连接，形成平面正方形结构，Cu—O 键长为 1.9Å 左右。实际上孔雀石的结构可以看作是拉伸八面体结构，由于姜-泰勒效应，另外两个氧原子与铜的距离比较远（2.5～2.6Å）。由于孔雀石特殊的晶体结构，在形成表面时，容易形成铜的四配位结构。从图 3-30（b）可见，对于（201）面，形成平面正方形四配位结构时，在侧面会有两个 Cu—O 键断裂，表面有二配位铜形成。对于（010）面，在形成三配位铜结构时，同样也有二配位铜形成。从孔雀石表面结构来看，铜的二配位和三配位的存在消除了空间位阻作用，铜原子处于不饱和配位状态，有利于与硫氢根离子作用。下面重点讨论四配位铜的空间位阻问题。

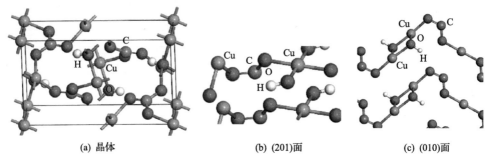

(a) 晶体   (b) (201)面   (c) (010)面

图 3-30　孔雀石晶体结构以及（201）面和（010）面

根据图 3-31（a）硫氢根离子在氧化铜矿表面吸附模型可知，图 3-31（b）中 $SM \perp O_1O_2$，因此 $\triangle SMO_1$ 是直角三角形，已知 $MO_1 = 1.90$Å，$SO_1 = 3.20$Å，根据勾股定理有

$$SM = \sqrt{SO_1^2 - MO_1^2} = \sqrt{3.20^2 - 1.90^2} = 2.57 (\text{Å})$$

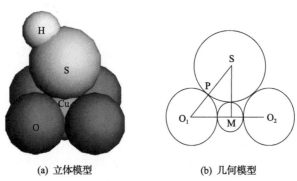

(a) 立体模型   (b) 几何模型

图 3-31　氧化铜表面正方形结构与硫离子作用的立体模型（a）和几何模型（b）

硫氢根离子与平面正方形的铜离子的最小距离为 2.57Å，与二者离子半径之和 2.54Å 接近，表明在平面正方形结构下铜离子与硫氢根作用不存在空间位阻作用。因此，孔雀石的硫化作用在几何空间上没有位阻效应，孔雀石的硫化作用主

要取决于硫氢根离子与铜离子的化学性质。

3.5.4 白铅矿表面五配位铅

对于白铅矿，其晶体结构如图 3-32(a)所示。从图可见，铅为七配位结构，Pb—O 键长比较复杂，根据铅与氧的作用情况，可以分为一个作用较强的 Pb—O 键 (2.597Å)，四个作用较弱的 Pb—O 键：2.636Å 和 2.678Å，两个作用最弱的 Pb—O 键(2.726Å)。白铅矿没有稳定解理面，根据白铅矿 Pb—O 键作用情况，在形成表面时，两个最弱的 Pb—O 键会同时断裂，形成五配位结构，如图 3-32(b)所示。

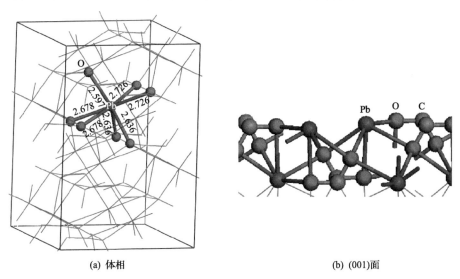

(a) 体相   (b) (001)面

图 3-32 白铅矿晶体结构和表面五配位结构(单位：Å)

前面的计算结果表明，铅与硫的作用属于紧密堆积类型，最大配位数为 6，即硫离子与铅的作用至少需要 1/6(约 0.167)铅离子空间。白铅矿晶体中铅与氧的作用属于紧密堆积类型，一个铅离子与七个氧离子作用，一个氧离子占据 1/7(约 0.143)铅离子空间，如果白铅矿表面只断裂一个 Pb—O 键，则无法提供足够的空间与硫离子作用。当白铅矿表面断裂两个 Pb—O 键时，可以提供 2/7(约 0.286)的铅离子空间，大于硫离子作用所需要的 1/6(约 0.167)铅离子空间。因此白铅矿表面硫化作用过程中不存在空间位阻作用。

另外需要指出的是，在这里仅用五配位结构来说明氧化矿表面硫化过程的空间位阻作用，实际上矿物表面原子断键情况比较复杂，表面金属离子可能会形成不同配位数，考虑到氧化矿表面水化或羟基化作用，表面金属离子又会处于饱和配位状态，因此讨论断裂一个配体表面金属离子的硫化空间作用仍有参考价值。另外，氧化矿表面硫化作用还与其电子结构和性质有关，如电子排布的自旋态、轨道伸展性以及离子的极化率等，这些内容将在第 4 章中详细讨论。

3.6 空间结构对金属离子价态和轨道杂化的影响

在铜矿浮选中，孔雀石是常见氧化铜矿物，黄铜矿是常见硫化铜矿物。孔雀石的分子式为 $Cu_2(OH)_2CO_3$，铜的价态为+2 价，没有任何争议。但黄铜矿中的铜和铁的价态却一直存在争议，从黄铜矿分子式($CuFeS_2$)来看，铜、铁都应该是+2价。实际上，关于黄铜矿中原子价态已有许多研究，目前提出的黄铜矿价态有两种模型[1-8]：$Cu^+Fe^{3+}S_2$ 和 $Cu^{2+}Fe^{2+}S_2$。Fujisawa 等[9]和 Hall[10]等支持 $Cu^{2+}Fe^{2+}S_2$ 模型，但是目前大多数测试结果支持 $Cu^+Fe^{3+}S_2$ 模型。

黄铜矿晶体为四面体结构，孔雀石晶体为平面正方形结构，如图 3-33 所示。铜原子的价电子构型为 $3d^{10}4s^1$，+1 价铜为 $3d^{10}4s^0$，+2 价铜为 $3d^94s^0$。根据价键理论，平面正方形中心离子轨道杂化方式为 dsp^2，需要铜的 3d 轨道参与杂化作用。+1 价铜的 3d 轨道为全充满状态，无法提供 d 空轨道，而+2 价铜的 3d 轨道为未充满状态，可以与 4s 轨道和 4p 轨道形成 dsp^2 杂化轨道，因此平面正方形的孔雀石中的铜是+2 价。但是需要指出的是，采用价键理论来解释二价铜的 dsp^2 轨道杂化，不可避免出现 d 轨道的一个电子会激发到 4p 轨道上的问题。二价铜的配位作用主要是晶体场效应，其中姜-泰勒效应最为重要，拉伸八面体结构要求铜离子 d 轨道的填充为 d^9 态。

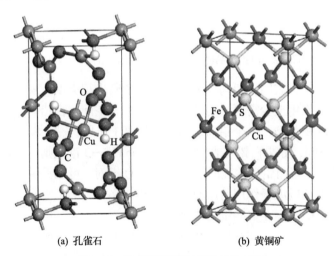

(a) 孔雀石   (b) 黄铜矿

图 3-33 孔雀石和黄铜矿的晶体结构

黄铜矿晶体结构为四面体，按照价键理论中心离子轨道杂化方式应该是 sp^3，+1 价铜和+2 价铜的外层轨道 4s、4p 上都没有填充电子，都可以进行 sp^3 杂化。但是铁原子的存在会影响铜的价态。假定铁和铜都是+2 价，根据晶体场理论，+2

价铁 3d 轨道上的 6 个电子在四面体场的电子排布为 $e^3t_2^3$，如图 3-34(a)所示。四面体场为弱场，电子排斥能大于分裂能，在 e 轨道上的一对电子不稳定，容易失去电子，变成 $e^2t_2^3$ 结构，如图 3-34(b)所示。

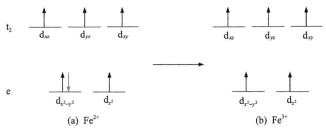

图 3-34　四面体弱场中 $3d^6$ 向 $3d^5$ 转换示意图

黄铜矿配体场为四面体弱场，根据上述讨论，黄铜矿中的+2 价铁很容易转化为+3 价铁，而黄铜矿晶体中+2 价铜的 3d 轨道上正好有一个空轨道，可以获得电子，变为+1 价铜，3d 轨道也从 $3d^9$ 变成稳定的 $3d^{10}$ 结构，因此黄铜矿晶体中铜为+1 价，铁为+3 价。电子在黄铜矿内部转移模型如下所示：

$$Cu^{2+}Fe^{2+}S_2 \xrightarrow{\ e^-\ } Cu^+Fe^{3+}S_2 \tag{3-14}$$

图 3-35 是清洁黄铜矿表面的 X 射线光电子能谱(XPS)，从图 3-35(a)可见，黄铜矿表面铁为+3 价，而铜的价态可能为+1 价或零价，需要确定具体的价态。图 3-35(b)是铜的 LMM 俄歇峰，从图可见铜的 LMM 俄歇峰位于结合能为 569.04eV 处，与+1 价铜的 LMM 俄歇峰 568.9eV 非常接近，可以确认黄铜矿的铜为+1 价。

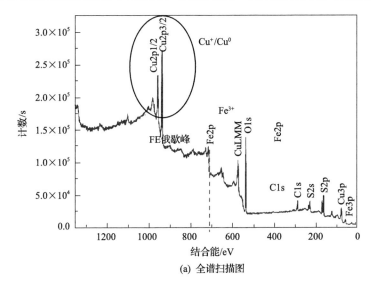

(a) 全谱扫描图

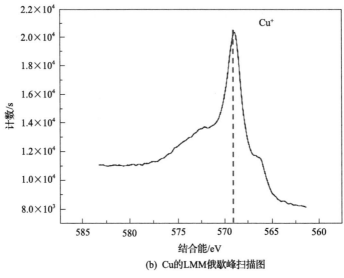

(b) Cu的LMM俄歇峰扫描图

图 3-35　黄铜矿表面 XPS 图

这里还有一个例子可以说明四面体结构中铜为+1 价，那就是闪锌矿的铜活化过程。二次离子质谱(SIMS)和 XPS 分析结果表明[11]，到达闪锌矿表面的 Cu^{2+} 立即被还原成 Cu^+，并且与表面任意位置的锌发生替换，从而将锌离子释放到溶液中：

$$Zn(II)S+xCu^{2+} \longrightarrow Cu_x(I)Zn_{1-x}S+xZn^{2+}+xe^- \tag{3-15}$$

闪锌矿晶体为四面体结构，锌离子的轨道杂化方式为 sp^3 杂化，Zn^{2+} 的外层电子结构为 $3d^{10}4s^04p^0$，与 Cu^+ 相同，二者都容易形成稳定的 sp^3 杂化轨道。而 Cu^{2+} 轨道为 $3d^94s^04p^0$，形成的 sp^3 杂化轨道不如前者稳定。因此在铜活化闪锌矿过程中，Cu^{2+} 倾向于获得一个电子，形成 $3d^{10}4s^04p^0$，从而更容易进入闪锌矿四面体结构。

以上是从晶体的空间结构来讨论金属离子的价态，事实上，金属离子的价态不仅与空间结构有关，还与配体的性质有关。例如，赤铁矿和黄铁矿都是六配位结构，但是铁在赤铁矿晶体中为+3 价，在黄铁矿晶体中为+2 价。这主要是因为赤铁矿中的氧是弱场配体，电子排斥能大于晶体场分裂能，单电子排布比电子成对排布能量更低，因此赤铁矿中三价铁的高自旋排布 ($t_{2g}^3e_g^2$) 更稳定；而黄铁矿中的 $[S_2]^{2-}$ 为强场配体，晶体场分裂能大于电子排斥能，电子成对排布在能量上更有利，因此黄铁矿中二价铁的低自旋排布 ($t_{2g}^6e_g^0$) 更稳定。

3.7　捕收剂分子与三配位表面作用的空间位阻效应

在配位结构中，最常见的配位数为 6 和 4，如黄铁矿、方铅矿和毒砂是六配位结构，闪锌矿和黄铜矿是四配位结构。前面已经讨论了六配位矿物形成五配位表面时的空间位阻作用，下面讨论四配位矿物表面的空间位阻作用。

3.7.1　黄药与闪锌矿表面作用

图 3-36 是闪锌矿形成(110)面的示意图。从图 3-36(a)可见，在晶体内部锌原子位于四个硫原子组成的四面体的中心。当一个 Zn—S 键断裂后，形成如图 3-36(b)所示的三配位表面结构，此时锌原子和三个硫原子不在一个平面上，为锥形结构。经过表面弛豫后，锌原子位置下移，位于三个硫原子形成的三角形平面上，如图 3-36(c)所示。

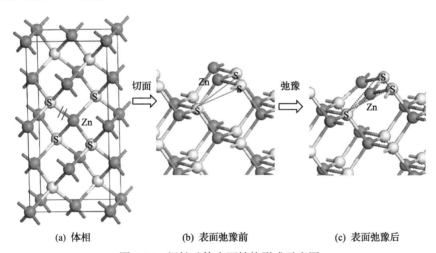

(a) 体相　　　　　　　　(b) 表面弛豫前　　　　　　　(c) 表面弛豫后

图 3-36　闪锌矿体表面结构形成示意图

黄药离子结构为 ROCSS⁻，与矿物表面锌离子作用的键合原子为硫原子，如图 3-37(a)所示。闪锌矿表面与黄药分子作用的空间位阻问题可以转换为如下空间几何问题：

一个小球 M(锌离子)和三个半径为 1.80Å 的大球(硫原子)组成如图 3-37(b)所示结构，小球和大球的距离为 2.297Å，且四个球心位于同一平面；在该结构上方放置一个半径为 1.80Å 的大球 S(黄药分子中的硫原子)，求图 3-37(c)所示的大球 S 和小球 M 的最短距离 d 的值。

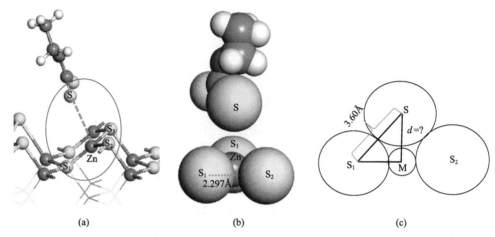

(a)   (b)   (c)

图 3-37 黄药在闪锌矿表面作用构型(a)、空间结构(b)以及几何示意图(c)

根据图 3-37 可知，$MS_1 = 2.297\text{Å}$，$S_1S = 3.60\text{Å}$，且 $\triangle SMS_1$ 为直角三角形，由勾股定理可求得 d：

$$d = SM = \sqrt{SS_1^2 - MS_1^2} = \sqrt{3.60^2 - 2.297^2} = 2.77\,(\text{Å})$$

计算结果表明，黄药的硫原子和闪锌矿表面的锌原子最小距离为 2.77Å，超过了它们的离子半径之和 2.54Å。另外从图 3-37(b) 也可看出，黄药分子中的硫原子没有和闪锌矿表面锌原子直接接触。因此黄药与平面三角形结构的闪锌矿表面作用存在空间位阻效应，黄药不能吸附在闪锌矿表面。如果黄药中的硫原子想要与闪锌矿表面锌原子发生化学作用，锌原子的位置必须向上移动一段距离，才能消除三个硫原子的空间位阻作用，如图 3-38 所示。

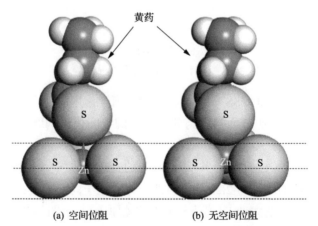

(a) 空间位阻   (b) 无空间位阻

图 3-38 闪锌矿表面平面三角形结构与黄药分子作用的空间位阻势垒

前面的计算结果表明，在平面三角形结构下，闪锌矿表面锌原子和黄药硫原子之间的最小距离为 2.77Å，而 Zn^{2+} 和 S^{2-} 的半径之和为 2.54Å，因此锌原子至少需要向上移动 0.23Å 的距离才能和黄药硫原子接触。我们把锌原子位置变化所需要的能量定义为闪锌矿表面与黄药分子作用的空间位阻势垒 ΔE_a。根据密度泛函理论计算，表面锌原子向上移动 0.23Å 的势垒 ΔE_a 为 5.40kJ/mol，该能量属于范德瓦耳斯力作用范围。一个—CH_2—的疏水色散为 2.92kJ/mol，丁基黄药比乙基黄药多两个—CH_2—，增加 5.84kJ/mol 的色散能，正好足够克服空间位阻势垒。因此理论上丁基黄药可以和闪锌矿表面作用。乙基黄药和丁基黄药分别和闪锌矿表面作用的密度泛函理论计算结果见图 3-39。

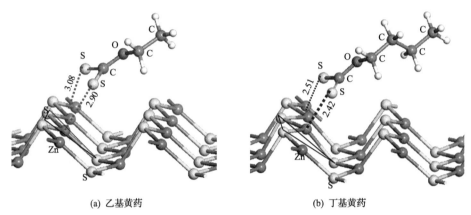

(a) 乙基黄药　　　　　　　　　　　(b) 丁基黄药

图 3-39　不同碳链长度的黄药在闪锌矿表面吸附的密度泛函计算结果（单位：Å）

从图 3-39（a）可见，乙基黄药的两个硫原子和闪锌矿表面的两个锌原子作用距离分别为 3.08Å 和 2.90Å，远远超过它们的有效作用距离 2.53Å；同时闪锌矿表面锌原子和配位的三个硫原子仍处于同一平面，即空间位阻作用阻碍了乙基黄药的吸附。而丁基黄药的两个硫原子和锌原子的距离为 2.51Å 和 2.42Å，小于锌原子和硫原子的半径之和 2.53Å，表明丁基黄药与闪锌矿表面锌原子发生了化学作用。另外，从图 3-39（b）可以发现闪锌矿表面的锌原子离开了三个硫原子平面，消除了空间位阻的影响。但是需要说明的是，即使丁基黄药能够和闪锌矿表面锌原子接触，由于锌原子 $3d^{10}$ 结构，丁基黄药与锌原子的化学作用较弱，难以获得较好的浮选回收率。

铜活化闪锌矿的机理一般认为是铜原子代替闪锌矿表面锌原子，在闪锌矿表面形成吸附活性点，如图 3-40（a）所示。和锌原子相似，闪锌矿表面铜原子和三个配位的硫原子形成平面三角形结构，说明铜活化并没有改变闪锌矿表面结构，闪锌矿表面仍然存在空间位阻作用。图 3-40（b）是乙基黄药与闪锌矿表面活化的铜原子作用的密度泛函理论计算结果。对比图 3-39（a）可以看出，同样是乙基黄药，铜活化前乙基黄药中的键合原子硫与闪锌矿表面锌原子距离为 2.90Å 和 3.08Å，基本不作用；而铜活化后乙基黄药的硫原子与闪锌矿表面铜原子的距离缩短到 2.31Å 和 2.35Å，发生了成键作用。

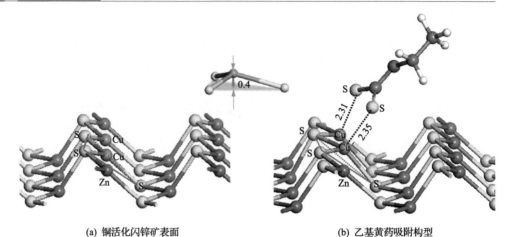

(a) 铜活化闪锌矿表面   (b) 乙基黄药吸附构型

图 3-40　铜活化闪锌矿表面及其与乙基黄药作用的密度泛函理论计算结果(单位：Å)

从图 3-40(b)中铜原子的位置可以看出，乙基黄药作用后，铜原子和三个配位硫原子已经不在一个平面上，铜原子位于平面三角形的上方 0.4Å 处。我们采用密度泛函理论计算了铜原子和锌原子分别离开三角形平面 0.4Å 距离处的势垒，得出该距离下铜原子的空间位阻势垒为 16.90kJ/mol，锌原子为 22.17kJ/mol，说明闪锌矿铜活化降低了空间位阻势垒，有利于黄药的吸附。

3.7.2　黄铜矿表面与 Z-200 分子的作用

黄铜矿晶体为四配位结构，其稳定的解理面(112)为三配位结构，经过弛豫后，形成和闪锌矿类似的平面三角形结构，如图 3-41 所示。弛豫后的黄铜矿表面铜原子与三个硫原子几乎在一个平面上，如图 3-41(c)所示。

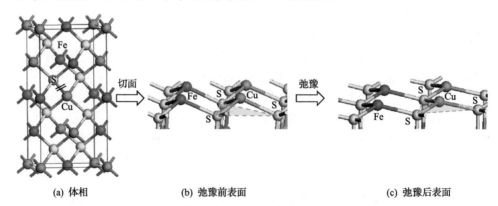

(a) 体相   (b) 弛豫前表面   (c) 弛豫后表面

图 3-41　黄铜矿体相和三配位的(112)表面结构

那么这种结构会不会和闪锌矿表面一样对捕收剂的吸附产生空间位阻作用？我们采用密度泛函理论模拟了乙硫氨酯(Z-200)分子与不同配位结构的铜离子的

作用情况，结果见图 3-42。需要说明的是，Z-200 与 Cu$^+$ 的模拟结果与 Cu^{2+} 相似，在此仅给出 Cu^{2+} 的结果。

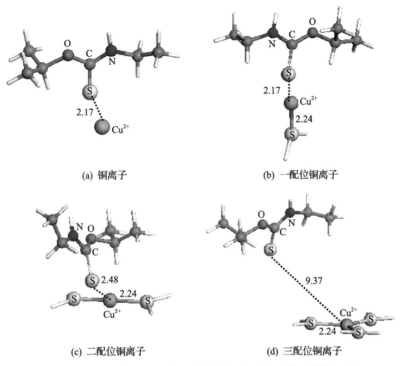

(a) 铜离子　　　　　　　　　　(b) 一配位铜离子

(c) 二配位铜离子　　　　　　　(d) 三配位铜离子

图 3-42　Z-200 分子与不同配位数的铜离子作用构型（单位：Å）

从图 3-42（a）和（b）可见，Z-200 能够和自由铜离子（Cu^{2+}）、一配位铜离子（Cu^{2+}—S—）发生较强的作用，作用键长都为 2.17Å，吸附能分别为–133.13kJ/mol 和–147.39kJ/mol。吸附能结果表明铜离子与硫配体作用后，促进了铜离子与 Z-200 分子中双键硫的作用。这一结果符合软硬酸碱理论，硫配体的作用使得铜离子变软，更容易和软碱作用。但当铜离子和两个硫配体作用后，Z-200 分子与铜离子的作用变弱，键长达到 2.48Å，作用能也只有–23.17kJ/mol，见图 3-42（c）。这是因为此时空间位阻开始起作用，阻碍了 Z-200 分子与铜离子的作用。更为明显的是铜离子与三个硫配体作用后，形成平面三角形结构，此时 Z-200 完全不能与铜离子作用[图 3-42（d）]，铜硫距离达到 9.37Å。图 3-43 是 Z-200 分子中的硫原子与三配位的铜离子紧密堆

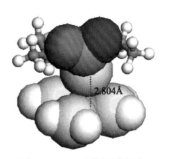

图 3-43　三配位铜离子与 Z-200 分子的紧密堆积构型

积时的距离，从图可见在平面三角形结构下，Z-200 分子与铜离子的最小距离为 2.804Å，已经远远超出它们的作用范围 2.52Å。

采用密度泛函理论计算 Z-200 分子在黄铜矿表面吸附，结果如图 3-44 所示。由图可见，Z-200 与黄铜矿表面铜原子作用后，表面铜原子向上发生了较大的位移，基本上回到了体相四配位铜的结构。这一结果也证明了在第 2 章提出的假设：药剂与矿物表面作用按照轨道杂化的方向和构型进行，吸附药剂后的构型符合配位结构。

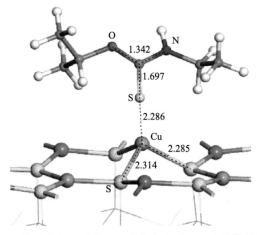

图 3-44 Z-200 分子在黄铜矿表面吸附的密度泛函理论计算结果（单位：Å）

3.8 矿物表面与药剂分子的空间结构匹配关系

矿物表面的结构可以大致分为如图 3-45 所示的两类：一是平面型，以方铅矿为代表，表面原子都位于同一平面，如图 3-45(a)所示；另一类是非平面型，以闪锌矿和黄铁矿为代表，表面原子不在同一平面，表面原子呈凹凸型结构，如图 3-45(b)所示。

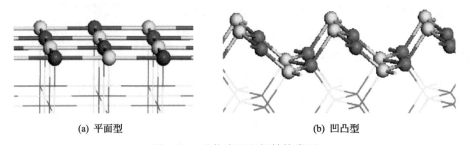

(a) 平面型   (b) 凹凸型

图 3-45 矿物表面空间结构类型

从这两种结构来看，平面型的表面不会出现空间位阻作用，药剂在表面的吸附主要取决于药剂分子与表面原子之间的相互作用；而凹凸型表面则存在空间位阻作用，药剂在表面的吸附与其分子空间结构有密切关系。下面以黄铁矿表面为例来研究捕收剂分子结构与矿物表面结构的关系。

图 3-46 是 Z-200 分子与黄铁矿表面作用的密度泛函理论计算结果。从图可见，黄铁矿表面铁原子与 Z-200 分子的双键硫原子作用非常弱，吸附距离达到 2.57Å，吸附能也仅为–30kJ/mol，相当于氢键的能量。

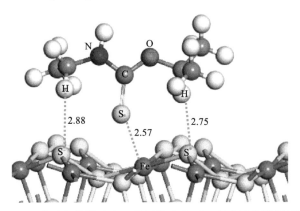

图 3-46　Z-200 分子与黄铁矿表面作用的密度泛函理论计算结果（单位：Å）

从配位化学来分析，黄铁矿表面的铁为五配位，而二价铁和硫配体的最大配位数为 6，黄铁矿表面的铁原子有足够空间和 Z-200 的硫原子发生作用，如图 3-47(a) 所示。但是如果从黄铁矿表面结构来分析，就会发现黄铁矿表面特殊的结构具有明显的空间位阻，如图 3-47(b) 所示。从图 3-47(b) 可以看出，Z-200 分子中的硫原子与黄铁矿表面铁原子距离为 2.57Å 时，Z-200 分子的烃基氢原子已

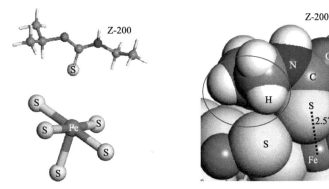

(a) 黄铁矿表面铁的配位结构　　　　(b) Z-200在黄铁矿表面吸附的剖视图

图 3-47　Z-200 分子与黄铁矿表面作用的空间位阻示意图

经和黄铁矿表面硫原子发生接触，Z-200 分子已经不可能再靠近黄铁矿表面。换一种形象的说法，黄铁矿表面高位的硫原子把 Z-200 分子架在空中，Z-200 的双键硫原子无法和黄铁矿表面铁原子发生作用。从距离上分析，Z-200 分子中的氢原子与黄铁矿表面的硫原子距离分别为 2.88Å 和 2.75Å（图 3-46），比它们的范德瓦耳斯半径之和 2.97Å 还要小，已经有排斥作用。根据以上的分析可知，捕收剂分子"平躺"吸附在矿物表面，容易产生空间位阻作用。

下面讨论捕收剂分子垂直吸附在黄铁矿表面的情况。图 3-48（a）是乙黄药分子在黄铁矿表面的吸附构型，由图可见乙黄药分子中的两个硫原子分别与黄铁矿表面的两个铁原子作用，键长分别为 2.284Å 和 2.281Å，吸附能为–233.35kJ/mol，成键作用非常强。从图 3-48（b）来看，由于乙黄药分子是竖立吸附构型，烃基与表面原子不存在空间位阻作用。因此捕收剂分子在矿物表面垂直吸附不容易产生空间位阻作用。根据捕收剂的吸附构型与空间位阻的关系，可以对捕收剂的分子空间结构进行设计和改造，提高捕收剂分子的选择性。

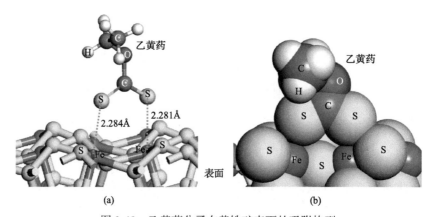

图 3-48　乙黄药分子在黄铁矿表面的吸附构型

参 考 文 献

[1] Goh S W, Buckley A N, Lamb R N, et al. The oxidation states of copper and iron in mineral sulfides, and the oxides formed on initial exposure of chalcopyrite and bornite to air[J]. Geochimica et Cosmochimica Acta, 2006, 70(9): 2210-2228.

[2] Kolobova K M, Trofimova V A, Butsman M P, et al. X-ray spectra of CuFeS₂[J]. Izvestiya Akademii Nauk SSSR, Neorganicheskie Materialy, 1988, 24: 237-243.

[3] Buckley A N, Woods R. An X-ray photoelectron spectroscopic study of the oxidation of chalcopyrite[J]. Australian Journal of Chemistry, 1984, 37(4): 2403-2413.

[4] Kurmaev E Z, van J, Ederer D L, et al. Experimental and theoretical investigation of the electronic structure of transition metal sulphides: CuS, FeS₂ and FeCuS₂[J]. Journal of Physics-Condensed Matter, 1998, 10(7): 1687-1697.

[5] Mikhlin Y, Tomashevich Y, Tauson V, et al. A comparative X-ray absorption near-edge structure study of bornite, Cu_5FeS_4, and chalcopyrite, $CuFeS_2$[J]. Journal of Electron Spectroscopy and Related Phenomena, 2005, 142(1): 83-88.

[6] Petiau J, Sainctavit P, Calas G K. X-ray absorption spectra and electronic structure of chalcopyrite $CuFeS_2$[J]. Materials Science and Engineering: B, 1988, 1(3-4): 237-249.

[7] van der Laan G, Pattrick R A D, Henderson C M B, et al. Oxidation state variations in copper minerals studied with Cu 2p X-ray absorption spectroscopy[J]. Journal of Physics and Chemistry of Solids, 1992, 53(9): 1185-1190.

[8] Tossell J A, Urch D S, Vaughan D J, et al. The electronic structure of $CuFeS_2$, chalcopyrite, from X-ray emission and X-ray photoelectron spectroscopy and Xa calculations[J]. Journal of Chemical Physics, 1982, 77: 77-82.

[9] Fujisawa M, Suga S, Mizokawa T, et al. Electronic structure of $CuFeS_2$ and $CuAl_{0.9}Fe_{0.1}S_2$ studied by electron and optical spectroscopies[J]. Physical Review B, 1994, 49(11): 7155-7164.

[10] Hall S R, Stewart J M. The crystal structure refinement of chalcopyrite, $CuFeS_2$[J]. Acta Crystallographica B, 1973, 29: 579-585.

[11] Gerson A R, Lange A G. Prince K E. The mechanism of copper activation of sphalerite[J]. Journal of Appllied Surface Science, 1999, 137: 207-223.

浮选药剂与矿物表面金属离子的配位作用

第 4 章

根据矿物浮选配位模型，浮选药剂与矿物表面作用包括两部分：一是正向配位作用，即药剂分子提供电子对给矿物表面的金属离子空轨道；二是反馈 π 键作用，即矿物表面金属离子提供 π 电子对给药剂的空 π 轨道。浮选药剂与矿物之间的作用本质上是电子与轨道之间的相互作用。在正向配位作用中，药剂分子提供的电子对可以是 σ 电子对也可以是 π 电子对；但在反馈 π 键作用中，金属离子提供的电子对只能是 π 电子对，因为 σ 电子局域性较强，没有足够的伸展性扩展到配体轨道。因此，反馈 π 键作用具有选择性。

矿物表面金属离子的轨道性质对于浮选药剂作用具有特别重要的意义，而轨道的性质取决于配位结构。本章采用配位场理论探讨矿物的轨道结构和电子排布与浮选的关系。

4.1 配位结构对轨道性质的影响

不同配位结构下金属离子 d 轨道分裂行为不同，配体与金属离子的空间关系也不同，从而导致轨道之间的"头碰头"和"肩并肩"的关系发生变化。八面体场中 $d_{x^2-y^2}$、d_{z^2} 轨道与配体轨道是"头碰头"关系，属于 σ 轨道；而 d_{xy}、d_{xz}、d_{yz} 轨道与配体轨道是"肩并肩"关系，属于 π 轨道。然而在四面体场中，$d_{x^2-y^2}$、d_{z^2} 轨道与配体轨道是"肩并肩"关系，属于 π 轨道；d_{xy}、d_{xz}、d_{yz} 轨道与配体轨道不是完全的"头碰头"和"肩并肩"关系，因此既是 π 轨道，也是 σ 轨道。表 4-1 给出不同配位结构下的 σ 轨道和 π 轨道。

从表 4-1 中结果可见，s 轨道只有一种类型：σ 轨道，因为 s 轨道是球形对称的，p 轨道和 d 轨道则需要根据具体的结构来确定。浮选药剂的键合原子大多属于直线结构，p_x 为 σ 轨道，p_z、p_y 为 π 轨道。对于矿物，更常见的是三配位、四配位、五配位和六配位结构，其中平面三角形结构可以看成四面体矿物的表面，如闪锌矿、黄铜矿晶体为四面体结构，表面为平面三角形结构，d_{xy} 为 σ 轨道，d_{xz}、d_{yz} 为 π 轨道；三角双锥或四方锥可以看成八面体矿物的表面，如黄铁矿、毒砂、方铅矿等晶体为八面体结构，表面为四方锥结构，$d_{x^2-y^2}$、d_{z^2} 为 σ 轨道，d_{xy}、d_{xz}、d_{yz} 为 π 轨道。根据表 4-1，我们就可以确定药剂和矿物的 σ 轨道和 π 轨道，进而讨论它们之间的电子和轨道相互作用。

表 4-1　不同配位结构下的 σ 轨道和 π 轨道

配位数	结构	σ轨道	π轨道	备注
2	直线	s　p_x	p_y　p_z d_{xz}　d_{yz}	沿 x 轴成键
3	平面等边三角形	s　p_x　p_y	p_z d_{xz}　d_{yz}	xy 平面成键
4	平面正方形	$d_{x^2-y^2}$	d_{xz}　d_{yz}	xy 平面成键
	正四面体	d_{xy}　d_{xz}　d_{yz}	d_{xy}　d_{xz}　d_{yz} $d_{x^2-y^2}$　d_{z^2}	
5	三角双锥	d_{z^2}	d_{xz}　d_{yz} $d_{x^2-y^2}$　d_{xy}	
	四方锥	$d_{x^2-y^2}$　d_{z^2}	d_{xy}　d_{xz}　d_{yz}	
6	正八面体	$d_{x^2-y^2}$　d_{z^2}	d_{xy}　d_{xz}　d_{yz}	
8	立方体	d_{xy}　d_{xz}　d_{yz}	d_{xy}　d_{xz}　d_{yz} $d_{x^2-y^2}$　d_{z^2}	

4.2　配体场强度对矿物表面金属离子与黄药作用的影响

4.2.1　黄药与黄铁矿和赤铁矿作用差异：强场配体和弱场配体

黄铁矿和赤铁矿都是含铁矿物，只是配位原子不同，其中黄铁矿分子式为 FeS_2，配体为 $[S_2]^{2-}$，铁为+2 价，用黄药可以很好地浮选黄铁矿；赤铁矿的分子式为 Fe_2O_3，配体为 O^{2-}，铁为+3 价，不能用黄药浮选，如图 4-1 所示。

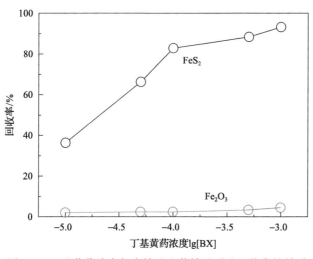

图 4-1　丁基黄药浓度与赤铁矿和黄铁矿浮选回收率的关系

　　根据文献[1]报道，黄药与+2 价铁和+3 价铁的 K_{sp} 分别为 8×10^{-8} 和 10^{-21}，单纯从 K_{sp} 的数据来看，黄药与赤铁矿的作用应该比黄铁矿更强。但是实际结果却完全相反，黄药可以很好地浮选黄铁矿，不能浮选赤铁矿，如图 4-1 所示。造成这一偏差的原因在于溶度积假说仅仅考虑金属离子与药剂作用，没有考虑矿物晶体结构及配体性质对金属离子的影响。从图 4-2 可见，黄铁矿和赤铁矿晶体中的铁都是六配位结构，但是二者的配体性质有很大的区别，赤铁矿配体 O^{2-} 属于弱场配体，+3 价铁是高自旋态，为铁磁性；而黄铁矿的配体 $[S_2]^{2-}$ 是强场配体，+2 价铁是低自旋态，没有磁性。

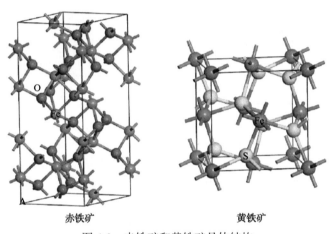

赤铁矿　　　　　　　　　黄铁矿

图 4-2　赤铁矿和黄铁矿晶体结构

　　赤铁矿晶体中三价铁离子的 d 电子排布如图 4-3 所示。由图可见，赤铁矿晶体中铁的五个 d 电子呈单电子排布，其中 σ 轨道 e_g 上没有空轨道，不能接受配体的 σ 电子对；同时 π 轨道 t_{2g} 上也没有电子对，不能给配体提供 π 电子对。

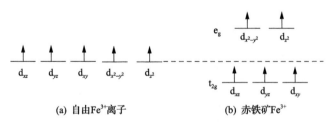

(a) 自由 Fe^{3+} 离子　　　　　　　(b) 赤铁矿 Fe^{3+}

图 4-3　自由三价铁离子和赤铁矿晶体中三价铁离子的 d 电子排布

　　黄铁矿晶体中二价铁离子的 d 电子排布如图 4-4 所示。由图 4-4 可见黄铁矿晶体中的二价铁离子的电子排布和自由二价铁离子完全不同。首先，黄铁矿中 e_g 轨道上没有电子，处于空轨道状态，能够接受配体的 σ 电子对，形成内轨型配合物；其次，t_{2g} 轨道上有三对电子，可以提供三对 π 电子，具有很强的反馈 π 键能力。

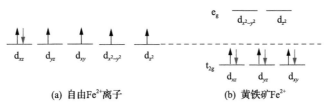

(a) 自由 Fe^{2+} 离子　　　　　(b) 黄铁矿 Fe^{2+}

图 4-4　自由二价铁离子和黄铁矿晶体中二价铁离子的 d 电子排布

根据黄铁矿和赤铁矿晶体中铁的 d 电子排布,可以预测赤铁矿和黄铁矿的铁离子具有完全不同的性质,赤铁矿以外轨配位和 σ 键作用为主,黄铁矿以内轨配位和反馈 π 键为主。捕收剂黄药分子的轨道能级和轨道形状如图 4-5 所示。由图可见,电子最高占据分子轨道主要在双键硫原子上,黄药可以提供 3p 孤对电子;黄药分子的最低未占分子轨道主要在双键硫、单键硫上,为 π 轨道,黄药分子具有空 π 轨道。

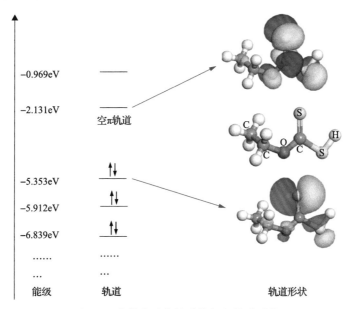

图 4-5　黄药分子的轨道能级和轨道形状

根据浮选药剂与矿物作用的配位模型,赤铁矿没有 π 电子对,不能与黄药空 π 轨道形成 π 键作用,黄铁矿可以提供三对 π 电子,能够与黄药形成较强的 π 键作用。另外,黄药是弱碱,给电子能力较弱,赤铁矿 3d 轨道上没有空轨道,无法进行内轨配位作用,因此可以断定赤铁矿不能与黄药作用,而黄铁矿与黄药的作用较强。

采用密度泛函理论模拟了黄药在赤铁矿表面和黄铁矿表面的吸附,结果如图 4-6 所示。由图 4-6(a)可见黄药的键合硫原子与赤铁矿表面铁原子的距离达到 3.192Å 和 3.447Å,远远超过 S^{2-} 和 Fe^{3+} 的半径之和 2.44Å,表明黄药分子不与赤铁矿表面铁原子发生作用。从图 4-6(b)可见，黄药的硫原子与黄铁矿表面铁原子的距离为 2.225Å 和 2.220Å，小于二者的半径之和 2.54Å，可见黄药与黄铁矿表面的铁原子发生了成键作用。

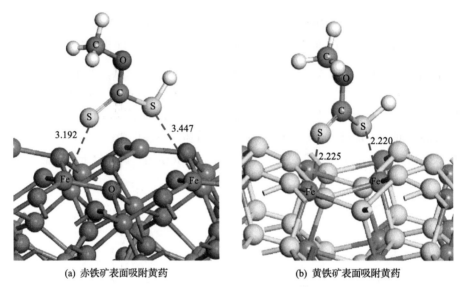

(a) 赤铁矿表面吸附黄药   (b) 黄铁矿表面吸附黄药

图 4-6　黄药在赤铁矿表面和黄铁矿表面的吸附构型(单位：Å)

　　传统观点认为黄药不浮选赤铁矿的原因主要有两方面，一是烃基不够长，导致疏水性不够；二是赤铁矿表面在水溶液中形成氢氧化铁，阻碍了黄药的吸附。这两种观点都默认黄药可以和赤铁矿作用，只是作用不强。实际上，检测结果表明黄药不能吸附在赤铁矿表面。王福良采用红外光谱对赤铁矿表面进行检测，发现赤铁矿表面没有吸附任何黄药[2]。采用飞行时间二次离子质谱仪(TOF-SIMS)对黄药作用后的赤铁矿和黄铁矿表面进行检测[3]，结果如图 4-7 所示。由图可见

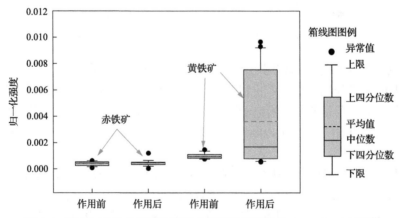

图 4-7　黄药与赤铁矿表面和黄铁矿表面作用前后的 TOF-SIMS 结果[3]

在赤铁矿表面没有检测到黄药,这与文献[2]的红外光谱结果一致,但是黄铁矿表面检测到大量吸附的黄药。TOF-SIMS 结果进一步证实赤铁矿表面不能吸附黄药,而黄铁矿表面有大量黄药吸附。

根据赤铁矿晶体中 Fe^{3+} 的 d 轨道电子排布,从配位模型中可以得到以下推论:含巯基和双键硫的强场捕收剂都不能浮选赤铁矿,即硫化矿捕收剂不能浮选赤铁矿。这一结论和王福良的研究结果一致,即采用巯基类捕收剂,如黄药、黑药、乙硫氮、硫氨酯等,不管捕收剂的浓度多高,在任何 pH 值下都不能浮选赤铁矿,而这些捕收剂都可以浮选黄铁矿[2]。另外,Rao 等的试验结果也表明采用辛基黄药仍不能浮选赤铁矿[4]。

4.2.2　黄药与氧化矿作用:弱场中 π 电子对

金属氧化矿的配体是氧,属于弱场配体,氧化矿的金属离子也以高自旋为主,那么是不是所有的金属氧化矿都不能用黄药浮选? 根据浮选药剂与矿物作用的配位模型,如果金属离子有 π 电子对,就有可能和黄药的空 π 轨道发生作用,形成反馈 π 键。图 4-8 是 Rao 等采用辛基黄药浮选氧化铜(CuO)、氧化镍(NiO)、氧化锌(ZnO)和氧化铁(Fe_2O_3)的结果[4]。

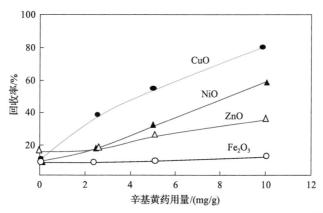

图 4-8　pH 值为 10.5 时,辛基黄药浮选金属氧化物的回收率[4]

从图 4-8 可见,用辛基黄药浮选这些氧化物时,氧化铜回收率最高,其次是氧化镍,然后是氧化锌,氧化铁最差。Rao 等[4]认为长碳链黄药与这些氧化矿的金属离子不太可能发生化学作用,因为氧化矿金属离子具有较强的离子性,与黄药难以发生共价作用。他们用浮选 pH 值与等电点的差来解释辛基黄药浮选这四种氧化矿的差异,pH 值与等电点的差值越大,静电排斥越大,辛基黄药作用越弱,如表 4-2 所示。这一解释可以理解为静电排斥对辛基黄药在氧化物表面吸附的影响,但不能解释氧化锌和氧化铁的可浮性差异,同时也不能给出辛基黄药与氧化矿作用的机制。

表 4-2 过渡金属氧化物的等电点^[4]

氧化物	CuO	NiO	ZnO	Fe_2O_3
等电点	8.5	7.8	6.8	7.5

采用配位场理论很容易解释辛基黄药与四种氧化物的作用差异，几种氧化物的晶体结构和配位结构如图 4-9 所示。氧化镍为六配位结构，相应的晶体场为正八面体场；氧化锌为四配位结构，正四面体场；氧化铁为六配位结构，八面体场；氧化铜为四配位结构，平面正方形场，但实际上氧化铜是拉伸八面体结构，六个Cu—O 键长为典型的四短两长结构；另外，铜离子与氧的最大配位数为 6，按照四配位结构来看，铜的配位数没有达到饱和。

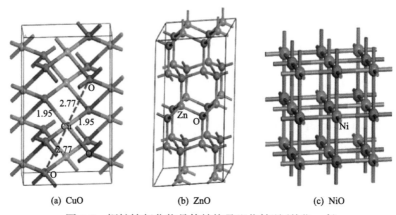

图 4-9 铜锌镍氧化物晶体结构及配位情况（单位：Å）

图 4-10 给出了铜离子、镍离子、锌离子和铁离子在弱场下的 d 电子排布，从图中可见除了氧化铁没有 π 电子对外，氧化铜、氧化镍和氧化锌都有 π 电子对，按照浮选配位场理论，除了氧化铁不能与黄药形成反馈 π 键，其余三种金属氧化物都有可能与黄药空 π 轨道作用，形成反馈 π 键。Rao 等^[4]的结果表明辛基长碳链黄药不能浮选氧化铁，但可以浮选氧化铜、氧化镍和氧化锌。

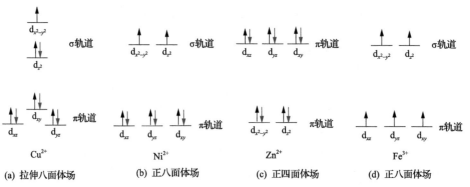

图 4-10 过渡金属氧化物的晶体场轨道分裂及 d 电子排布

从图 4-10 可见，氧化铜和氧化镍都有三对 π 电子，与黄药的空 π 轨道作用都比较强，其中氧化铜的有一对 π 电子能级稍高，更容易与黄药空 π 轨道作用，因此辛基黄药浮选氧化铜的效果比氧化镍要好。对于氧化锌，虽然有五对 π 电子，但是由于锌离子中 d 轨道为 d^{10} 构型，为稳定结构，轨道活性较差，成键能力弱，因此辛基黄药与氧化锌作用较弱。

这里需要说明的是，氧化矿的 d 轨道虽然有 π 电子对，但轨道的伸展性不如硫化矿，即氧化矿金属离子性强，共价性弱。因此氧化矿金属离子通过与黄药的反馈 π 键来形成共价键的能力也弱，短碳链黄药难以浮选过渡金属氧化物，只有长碳链黄药才有效果。这是由于长碳链烃基的斥电子效应和极化率较大，增强了与金属离子的共价作用。

4.3 配体场结构对硫铁矿可浮性的影响

黄铁矿、白铁矿和磁黄铁矿是常见的三种硫铁矿，在浮选实践中发现，白铁矿的可浮性与黄铁矿相似，但比黄铁矿稍好，磁黄铁矿可浮性最差。一般来说，用黄药捕收的可浮性顺序是：白铁矿＞黄铁矿＞磁黄铁矿。这三种硫铁矿虽然分子式相似，但晶体结构不同，如图 4-11 所示。

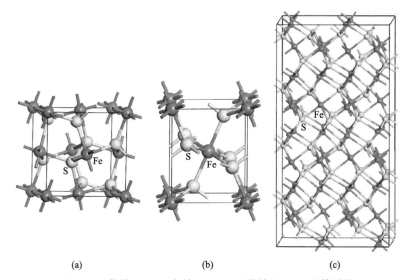

(a)   (b)   (c)

图 4-11 黄铁矿(a)、白铁矿(b)和磁黄铁矿(c)的晶体结构

黄铁矿和白铁矿组成完全相同，都为 FeS_2，但晶体结构不同，其中黄铁矿为等轴晶系，Fe—S 键长为 2.269Å；白铁矿为斜方晶系，Fe—S 键长为两短四长：2.231Å 和 2.251Å；磁黄铁矿分子式为 $Fe_{1-x}S$，单斜晶系中 Fe—S 键长为两长四短：

2.515Å 和 2.241Å。就这三种硫铁矿的性质而言，黄铁矿和白铁矿性质相近，Fe^{2+} 都是低自旋态，没有磁性，因此黄铁矿和白铁矿都属于强配体场。而磁黄铁矿的 Fe^{2+} 为高自旋态，为铁磁性，属于弱配体场。另外，从它们的铁硫键长也可以判断配体场的强弱，Fe—S 键长较短说明反馈 π 键作用强，配体场为强场；反之，Fe—S 键长较长说明反馈 π 键作用弱，配体场为弱场。因此，黄铁矿和白铁矿为强场配体，磁黄铁矿为弱场配体。二价铁离子的 d 电子在黄铁矿、单斜白铁矿和单斜磁黄铁矿晶体场中的排布如图 4-12 所示。

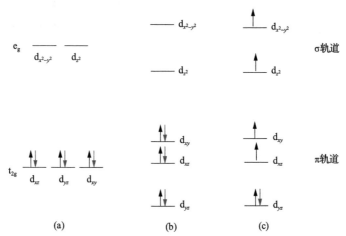

图 4-12　黄铁矿 (a)、单斜白铁矿 (b) 和单斜磁黄铁矿 (c) 晶体中 Fe^{2+} 的 d 电子排布

从图 4-12 可见，黄铁矿晶体中 Fe^{2+} 的 d 电子在 t_{2g} 轨道上有 3 对 π 电子，白铁矿也同样有 3 对 π 电子分布在 t_{2g} 轨道上，二者的区别在于黄铁矿的 t_{2g} 轨道是简并态，而白铁矿的 t_{2g} 轨道是非简并态。根据配位场反馈 π 键作用模型，黄铁矿和白铁矿可以提供的 π 电子数量是相同的，说明黄铁矿和白铁矿与黄药的反馈 π 键作用相似，因此它们具有相似的可浮性。但是从 π 电子迁移概率来讲，白铁矿有 2 对 π 电子的能级高于黄铁矿，与黄药的空 π 轨道作用概率更大。另外，白铁矿的 Fe—S 键长（2.231Å 和 2.251Å）比黄铁矿（2.269Å）更短，说明白铁矿的反馈 π 键能力稍强于黄铁矿。因此，白铁矿与黄药的作用稍强于黄铁矿。

磁黄铁矿的 d 电子分布完全不同于黄铁矿和白铁矿，是高自旋排布，只有 1 对 π 电子分布在 t_{2g} 最低轨道 d_{yz} 上。因此磁黄铁矿提供 π 电子能力最弱，与黄药的反馈 π 键的作用明显弱于黄铁矿和白铁矿。另外，黄铁矿和白铁矿 e_g 上有 2 个空轨道，能够与黄药的孤对电子作用，形成内轨型配位；而磁黄铁矿 e_g 轨道有两个电子，没有空轨道，不能与黄药进行内轨型配位，只能形成外轨型配位。因此，磁黄铁矿与黄药的 σ 键作用和反馈 π 键作用都弱于黄铁矿和白铁矿，可浮性最差。

我们采用密度泛函理论模拟了不同自旋极化值的 Fe^{2+} 对硫醇捕收剂作用的影

响，结果见图 4-13。自旋值为 0 表示 d 轨道没有单电子，d 电子全部成对，t_{2g} 轨道提供 π 电子对的能力较强，容易和捕收剂形成反馈 π 键。自旋值不为 0，表示 d 轨道有单电子排布；自旋值越大，t_{2g} 提供 π 电子对的能力越弱，与捕收剂分子的反馈 π 键越弱。由图 4-13 可见，自旋值从 0 增大到 3.43μB，硫醇捕收剂与 Fe^{2+} 作用距离从 2.508Å 增加到 2.756Å，表明硫醇捕收剂与 Fe^{2+} 的作用变弱。计算结果与配位场理论预测一致，低自旋态的 Fe^{2+} 与硫醇捕收剂的作用强于高自旋态。

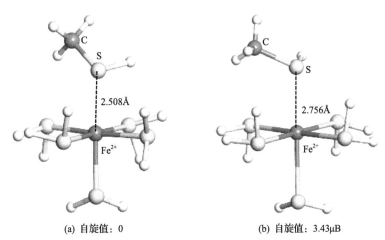

(a) 自旋值：0　　　　　　　　(b) 自旋值：3.43μB

图 4-13　Fe^{2+} 的自旋值对硫醇捕收剂作用的影响

另外，从配位作用原理来看，磁黄铁矿中的 Fe^{2+} 是高自旋态，缺乏 π 电子对，与捕收剂的反馈 π 键作用不强。因此，磁黄铁矿浮选捕收剂在结构上除了考虑药剂 π 键能力(空 π 轨道)外，还应该多考虑药剂的碱性，即给电子性，增强药剂与磁黄铁矿表面 Fe^{2+} 的 4s、4p 轨道的 σ 键配位作用。

4.4　杂质对闪锌矿可浮性的影响

4.4.1　杂质性质的影响

对于闪锌矿，人们在工业实践中发现不同矿床或同一矿床不同矿段的闪锌矿由于杂质不同而具有不同的颜色，从浅绿色、棕褐色和深棕色直至钢灰色，各种颜色的闪锌矿可浮性比较大。由于锌离子 3d 轨道为全充满状态，不存在电子跃迁，纯闪锌矿近于无色。当闪锌矿晶体中含有杂质离子，特别是具有未充满 3d 轨道的过渡金属离子，如铁、锰、铜等，闪锌矿就会显示不同的颜色。杂质离子对闪锌矿的可浮性具有重要的影响，锰、铁等杂质降低闪锌矿的可浮性，铜、镉等杂质提高闪锌矿的可浮性。图 4-14 是采用水浴法合成不同掺杂含量的锰离子、铁离子、铜离子和镉离子闪锌矿的浮选回收率。

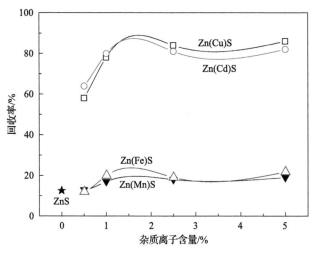

图 4-14 金属离子掺杂浓度对合成闪锌矿浮选回收率的影响

丁基黄药：6.0×10^{-4}mol/L

由图 4-14 可见，没有杂质的闪锌矿的可浮性较差，回收率只有 14%；铁离子、锰离子掺杂对闪锌矿回收率影响比较小，铜离子、镉离子掺杂则大幅度提高了闪锌矿回收率。浮选电化学观点认为，黄药与硫化矿的作用是一个电化学过程，黄药的电化学吸附与氧气的还原是一对共轭反应。闪锌矿禁带宽度达到 3.6eV，为绝缘体，因此氧气不能在闪锌矿表面吸附，从而抑制了黄药的电化学吸附作用。实际上，铁、锰杂质能够大幅度增强闪锌矿的导电性，甚至使闪锌矿从绝缘体变为导体，但是并没有显著增强黄药与闪锌矿的作用，含锰、铁杂质闪锌矿可浮性依然很差。因此，浮选电化学理论难以解释杂质对闪锌矿可浮性的影响。

丁基黄药和乙基黄药为同系物，二者与金属离子作用的规律一致。目前乙基黄药与金属离子的溶度积数据比较全，结果见表 4-3。从表 4-3 中数据可见，乙基黄药与铜和镉的溶度积最小，这与含铜、镉杂质闪锌矿可浮性较好相一致。但是锰离子、铁离子、锌离子与乙基黄药的溶度积大小与它们的可浮性不一致，Fe^{2+}与乙基黄药的溶度积比 Mn^{2+} 和 Zn^{2+} 都要大，作用最弱，但含铁闪锌矿浮选回收率却是这三种矿物中最高的，见图 4-14。以上结果说明仅用金属离子与黄药的作用并不能很好地解释矿物的浮选行为，需要考虑矿物配位结构对金属离子性质的影响。

表 4-3 乙基黄药与金属离子的溶度积[1]

离子	Mn^{2+}	Fe^{2+}	Zn^{2+}	Cu^{+}	Cu^{2+}	Cd^{2+}
K_{sp}	$10^{-9.9}$	$10^{-7.1}$	$10^{-8.2}$	$10^{-19.28}$	$10^{-24.1}$	$10^{-13.59}$

闪锌矿是四面体结构，四面体场由于分裂能较小，一般都是弱场，因此金属离子 d 电子排布都是高自旋态，$Mn^{2+}(3d^5)$、$Fe^{2+}(3d^6)$、$Cu^{2+}(3d^9)$ 和 $Zn^{2+}(3d^{10})$ 在四面体场中的 d 轨道分裂和电子排布情况见图 4-15。

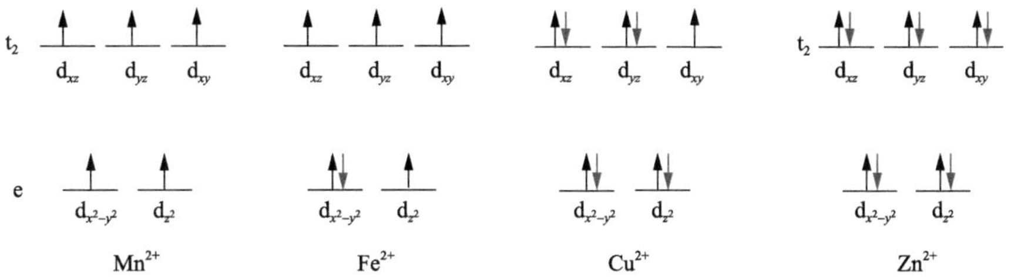

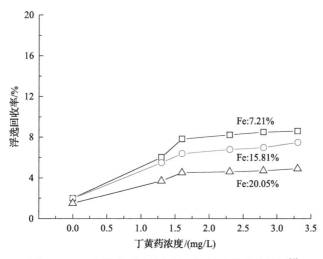

图 4-15　四面体场下 Mn^{2+}、Fe^{2+}、Cu^{2+}、Zn^{2+}的 d 电子排布情况

在四面体场下 e 轨道为 π 轨道，t_2 既是 σ 轨道又是 π 轨道。由图 4-15 可见，四面体场中 Mn^{2+} 的 π 电子对数为 0，不能与黄药形成反馈 π 键，因此含锰闪锌矿可浮性最差；而 Fe^{2+} 有一对 π 电子，可以和黄药形成弱的反馈 π 键，因此含铁杂质闪锌矿比含锰杂质可浮性更好一些。Cu^{2+} 有 4 对 π 电子，与黄药作用的反馈 π 键能力较强，可浮性最好。另外，虽然 Zn^{2+} 有 5 对 π 电子，但是它是 d^{10} 构型，轨道处于全充满状态，具有惰性，轨道局域性较强，提供 π 电子能力较差，与黄药的反馈 π 键作用较弱，因此纯闪锌矿的可浮性较差。

4.4.2　铁含量的影响

在含杂质闪锌矿中，含铁闪锌矿最为常见，而且大部分闪锌矿矿床中都或多或少有一些含铁闪锌矿，含铁量超过 6%的闪锌矿称为铁闪锌矿。图 4-16 是含铁闪锌矿单泡管浮选结果[5]，从图可见铁含量从 7.21%增加到 20.05%，铁闪锌矿回收率都是下降的，表明铁杂质不利于闪锌矿的浮选，这一结果与图 4-14 矛盾。另外，会泽铅锌矿不同铁含量的闪锌矿实验结果也表明，闪锌矿的浮选回收率随着铁含量的增加而增加[6]。

图 4-16　丁黄药对不同铁含量下闪锌矿的捕收效果[5]

铁杂质对闪锌矿可浮性的影响出现相互矛盾的结果，我们猜测应该是铁含量不同造成的。根据配位场理论，二价铁有一对 π 电子，可以和黄药形成反馈 π 键，含铁闪锌矿的可浮性应该比闪锌矿好。但铁含量较高时，一方面闪锌矿会从绝缘体变成半导体或导体，例如铁含量达到13%时，闪锌矿的禁带宽度只有0.4eV，闪锌矿表面容易发生氧化作用，可浮性下降；另一方面，闪锌矿表面二价铁氧化成三价铁，电子构型从 $d^6(e^3t_2^3)$ 变成 $d^5(e^2t_2^3)$，e 轨道上 π 电子对数为 0，不能与黄药形成反馈 π 键，可浮性变差。

我们采用密度泛函理论计算了闪锌矿表面含一个铁原子(代表低铁闪锌矿)和两个铁原子(代表高铁闪锌矿)与乙黄药作用的情况，结果见表4-4。

表 4-4　不同含铁闪锌矿表面铁原子的自旋值及其与黄药作用后的自旋值

表面铁含量	铁自旋值/μB	表面铁原子与乙黄药作用后	
		铁的自旋值/μB	黄药硫与表面铁的距离/Å
低铁	0	0.119	2.214
高铁	3.508	3.309	2.351

从表4-4可见，低铁闪锌矿表面铁原子自旋值为0，高铁闪锌矿表面自旋值为3.508μB，表明低铁闪锌矿表面铁为低自旋态，高铁闪锌矿表面铁为高自旋态。闪锌矿表面三个硫原子为平面三角形结构，因此闪锌矿表面配体场为三角形场。三角形场中二价铁的低自旋和高自旋排布见图4-17。

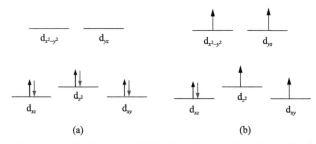

图 4-17　三角形场中二价铁的低自旋(a)和高自旋(b)排布

图4-17(a)所示，低铁闪锌矿表面铁原子的 d 轨道上有三对 π 电子，容易与黄药的空 π 轨道作用，形成反馈 π 键，有利于黄药的作用。密度泛函理论计算结果表明黄药在低铁闪锌矿表面的吸附能达到-112.01kJ/mol，S—Fe 距离为 2.214Å，小于铁硫半径之和，作用较强。另外，吸附黄药后闪锌矿表面铁自旋值也只有0.119μB，表明黄药与闪锌矿表面铁原子之间有较强的共价作用。Gigowski 等也发现铁杂质能够促进黄药在闪锌矿表面的吸附[7]。需要说明的是，黄药吸附后，闪锌矿表面铁原子从三配位变成四配位，配体场从三角形场变成四面体场；由于

四面体场为弱场，铁的自旋值不再为 0，π 电子对减少，会削弱闪锌矿表面铁与黄药之间的反馈 π 键作用。因此低铁闪锌矿虽然可以和黄药作用，但可浮性仍然较差。

对于高铁闪锌矿，两个铁原子距离较近，铁原子之间的相互作用较强，导致闪锌矿表面铁原子具有较大的自旋值，为高自旋排布，如图 4-17(b) 所示。因此高铁闪锌矿具有较强的磁性，在实践中甚至可以采用磁选来回收高铁闪锌矿。高自旋二价铁只有一对 π 电子，与黄药反馈 π 键作用弱，乙黄药硫原子与高铁闪锌矿表面铁原子的键长达到了 2.351Å，距离较大，作用较弱。由于高自旋的配体场为弱场，电子成对不稳定，容易失去一个电子，因此高自旋的二价铁容易被氧化成三价铁。高自旋三价铁为单电子排布，π 电子对数为 0，不具有形成反馈 π 键的能力。因此，闪锌矿表面铁含量越高，二价铁氧化成三价铁的概率越大，提供 π 电子对的能力也就越弱，可浮性越差。

另外，黄药与高铁闪锌矿作用后，铁的自旋值仍较大，达到了 3.309μB，表明黄药与高铁闪锌矿作用后，没有改变铁的自旋态。高铁闪锌矿表面铁原子具有高自旋态的特征，为高铁闪锌矿的回收提供了另一种思路，即采用氧化铁的捕收剂来浮选高铁闪锌矿。苏联科学家发现添加氧化铁选择性捕收剂维特卢加油，可以提高铁闪锌矿的回收率[1]。

4.4.3　d^{10} 轨道反应活性

镉杂质提高闪锌矿可浮性的机理属于 d^{10} 构型离子的反应活性问题。研究表明汞、银、铅、镉等的重金属盐都可活化闪锌矿，这些金属离子都有一个特点，都为 d^{10} 电子构型，如 Hg^{2+} 为 $5d^{10}$，Ag^+ 为 $4d^{10}$，Cd^{2+} 为 $4d^{10}$，Pb^{2+} 为 $5d^{10}6s^2$。一般来说 d^{10} 轨道为全充满构型，轨道具有惰性，不活跃；但是不同构型的 d^{10} 轨道活性不同，如果 d^{10} 变成 d^9s^1 杂化轨道，d 轨道活性就会提高。因此可以用 d^{10} 轨道和相邻 s 轨道的杂化能力来表征 d^{10} 轨道的活性，表 4-5 列出了 $3d^{10}\sim5d^{10}$ 态变成最低 d^9s^1 态的能量变化。从表可见 Cu^+、Ag^+、Hg^{2+} 和 Au^+ 的 d^{10} 轨道变成 d^9s^1 轨道所需要能量较低，所以 Cu^+、Ag^+、Hg^{2+} 和 Au^+ 的 d 轨道活性较强，具有较强的给 π 电子能力，容易和黄药形成反馈 π 键，因此对闪锌矿具有活化作用。

表 4-5　最低 d^9s^1 态超过 d^{10} 基态的能量(eV)

构型	$3d^{10}$	$3d^{10}$	$4d^{10}$	$4d^{10}$	$5d^{10}$	$5d^{10}$
离子	Cu^+	Zn^{2+}	Ag^+	Cd^{2+}	Au^+	Hg^{2+}
$\Delta E=E(d^9s^1)-E(d^{10})$	2.7	9.7	4.8	10.0	1.9	5.3

注：1eV=96.5kJ/mol。

Zn^{2+} 的 d^{10} 轨道转变成 d^9s^1 轨道需要较高的能量，说明 Zn^{2+} 的 3d 轨道活性较差，提供 π 电子能力弱，难以和黄药形成反馈 π 键，因此可浮性差。对于同样具有较高

转换能量的 Cd^{2+}，也应该具有较弱的 d 轨道活性，然而图 4-14 的结果和生产实践都表明含镉杂质的闪锌矿具有较好的可浮性，这是因为镉离子极化率较大的缘故。从表 4-6 可以看出，除了 Cu^{2+} 的极化率较小外，对闪锌矿具有活化作用的 Hg^{2+}、Ag^+、Pb^{2+}、Cd^{2+} 都具有较大的极化率。按照配位场理论，黄药是具有空 π 轨道的配体，属于软碱，容易和极化率大的软酸作用；金属离子的极化率越大，离子越容易变形，与黄药形成的共价键也就越强。按照这一理论预测，Hg^{2+}、Au^+、Pb^{2+}、Bi^{3+}、Tl^+、Ce^{3+}、Bi^{3+}、Pt^{2+} 等极化率较大的金属离子对闪锌矿具有活化效果。

表 4-6 金属离子的极化率 (Å^3) [8]

离子	Na^+	K^+	Ca^{2+}	Mg^{2+}	Fe^{2+}	Mn^{2+}	Ni^{2+}	Cu^{2+}	Zn^{2+}
极化率	0.179	0.839	0.472	0.094	0.470	0.527	0.386	0.297	0.288
离子	Cd^{2+}	Hg^{2+}	Ag^+	Pb^{2+}	Au^+	Bi^{3+}	Pt^{2+}	Tl^+	Ce^{3+}
极化率	1.09	1.24	1.72	2.00	1.88	1.74	1.43	3.13	1.03

Wark 等研究了 30 种金属离子对闪锌矿的活化效果，试验结果见表 4-7。由表可见对闪锌矿具有活化作用的金属离子都具有较大的极化率，特别是 Tl^+ 的活化效果完全吻合极化率的猜想。

表 4-7 金属离子对闪锌矿的活化效果

离子	盐	中性溶液浮选效果	离子	盐	中性溶液浮选效果
Ba^{2+}	硝酸盐	不浮	As^{3+}	三氧化物	不浮
Sr^{2+}	氯化物	不浮	Sb^{3+}	三氯化物	不浮
Ca^{2+}	硝酸钙	不浮	Ni^{2+}	硫酸盐	不浮
Mg^{2+}	氯化物	不浮	Co^{2+}	硫酸盐	不浮
Be^{2+}	硝酸盐	不浮	Tl^+	硝酸盐	优良
Al^{3+}	钾矾	不浮	Ce^{3+}	硫酸盐	好浮
Cr^{3+}	钾矾	不浮	Pb^{2+}	硝酸盐	好浮
Th^{4+}	硝酸盐	不浮	Cd^{2+}	硫酸盐	好浮
U^{6+}	硝酸盐	不浮	Cu^{2+}	硫酸盐	好浮
Ti^{3+}	三氯化物	不浮	Ag^+	硝酸盐	好浮
Mn^{2+}	硫酸盐	不浮	Hg^+	氯化物	好浮
Fe^{2+}	硫酸盐	不浮	Hg^{2+}	硫酸盐	好浮
Fe^{3+}	铵矾	不浮	Bi^{3+}	硝酸盐	好浮
Sn^{2+}	氯化物	不浮	Au^{3+}	氯酸盐	好浮
Sn^{4+}	氯化物	不浮	Pt^{4+}	氯铂酸	优良

资料来源：Wark E E, Wark I W. The physical chemistry of flotation. VIII. The Process of Activation[J]. The Journal of Physical Chemistry, 1936, 40(6): 799-810.

4.5　硫化铜矿电子结构与可浮性

常见硫化铜矿主要有黄铜矿、辉铜矿、斑铜矿、铜蓝和砷黝铜矿，其中黄铜矿是最主要矿物。硫化铜矿用黄药类捕收剂浮选时的顺序如下[9]：

辉铜矿＞铜蓝＞斑铜矿＞黄铜矿

这几种铜矿物的化学式分别为：Cu_2S（辉铜矿），CuS（铜蓝），Cu_5FeS_4（斑铜矿），$CuFeS_2$（黄铜矿）。传统观点认为黄药和 Cu^{2+} 作用，表面铜越多，黄药作用越强。事实上，矿物中铜的组成比化学式要复杂，例如，辉铜矿和铜蓝中既有+2 价铜又有+1 价铜；黄铜矿价态有两种模型：$Cu^+Fe^{3+}S_2$ 和 $Cu^{2+}Fe^{2+}S_2$，Goh 等认为以 $Cu^{2+}Fe^{2+}S_2$ 为主，同时也有 $Cu^+Fe^{3+}S_2$ 存在[10]；斑铜矿的结构也有两种结构[11,12]：$Cu_4^+Cu^{2+}Fe^{2+}S_4$ 和 $Cu_5^+Fe^{3+}S_4$。那么铜矿物中可能存在的 Cu^+、Cu^{2+}、Fe^{2+}、Fe^{3+} 是如何与黄药发生作用，又有哪些差异？下面从矿物的配位场差异来进行讨论。

不同硫化铜矿的晶体和配位结构见图 4-18。从图可见，黄铜矿和斑铜矿的晶体结构比较简单，铜和铁都是四配位结构。辉铜矿晶体中的铜大多数为三配位，仅有极少数二配位结构，说明辉铜矿晶体中的铜以一种价态为主。铜蓝晶体中铜有三配位和四配位两种结构，说明铜蓝晶体中的铜有两种价态。一般而言，Cu^{2+} 为蓝色，Cu^+ 为灰紫色，可见铜蓝+2 价铜含量高于辉铜矿，辉铜矿以+1 价铜为主。辉铜矿和铜蓝的化学式也反映出颜色和价态关系：$Cu_2^+S^{2-}$（辉铜矿），$Cu^{2+}S^{2-}$（铜蓝）。

四种硫化铜矿稳定的解理面见图 4-19，由图可见辉铜矿、黄铜矿、斑铜矿的稳定解理面都为三配位结构，铜蓝晶体中虽然有三配位和四配位两种结构，但是铜蓝(0001)解理面都是三配位结构。因此，捕收剂分子与四种硫化铜矿表面作用后，表面铜的配位结构从三配位变成四配位，配体场为四面体场。

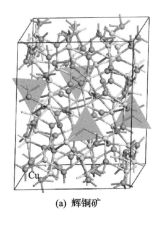

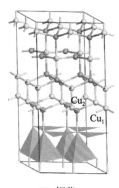

(a) 辉铜矿　　　　　　(b) 铜蓝

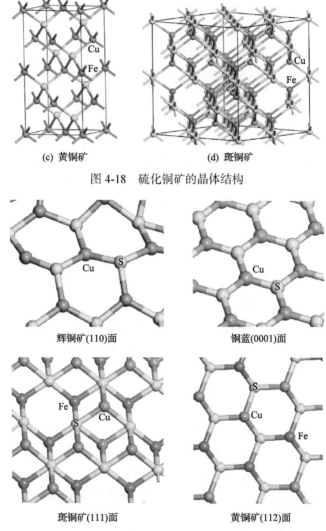

(c) 黄铜矿   (d) 斑铜矿

图 4-18 硫化铜矿的晶体结构

辉铜矿(110)面   铜蓝(0001)面

斑铜矿(111)面   黄铜矿(112)面

图 4-19 四种硫化铜矿稳定的解理面

    图 4-20 给出了 Cu^+、Cu^{2+}、Fe^{3+} 和 Fe^{2+} 在四面体场中 d 电子高自旋排布情况。四面体场中 e 为纯 π 轨道，t_2 既是 σ 轨道，又是 π 轨道。由图 4-20 可见，在四面体场中 Cu^{2+} 有 4 对 π 电子，Cu^+ 有 5 对 π 电子。正如上一节讨论那样，虽然 Cu^+ 为 d^{10} 型，但是 $d^{10} \to d^9 s^1$ 势垒较低，Cu^+ 的 d 轨道活性仍较强，从黄药与 Cu^+ 较小的溶度积常数也可以证实这一点 $(K_{sp}=10^{-20})$。在四面体弱场中，Fe^{3+} 没有 π 电子对，Fe^{2+} 只有一对 π 电子。

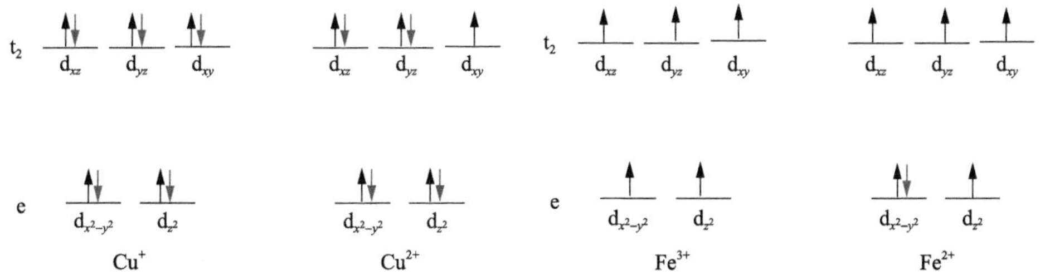

图 4-20 Cu^+、Cu^{2+}、Fe^{3+}、Fe^{2+} 在四面体场中 d 电子高自旋排布情况

表 4-8 是四种硫化铜矿中金属离子提供 π 电子对的情况。辉铜矿主要是+1 价铜，+2 价铜非常少，可以忽略，因此辉铜矿可以提供 5 对 π 电子。铜蓝由于较多 Cu^{2+}存在，所以显示蓝色，一般认为铜蓝中 1/3 的铜为+2 价，2/3 的铜为+1 价。铜蓝晶体中三配位的铜和四配位的铜数量比为 1:2，另外在铜蓝(0001)面解理时，三配位铜原子和四配位铜原子出现在表面的概率也是 1:2，因此可以用化学式中 Cu^{2+}和 Cu^+的比例来计算提供的 π 电子对，计算结果为 4.67。斑铜矿和黄铜矿中铜和铁的价态一直有争议，在实践中这些不同的价态和结构可能都存在。因此在计算 π 电子对数时，考虑了不同价态的贡献，根据表中化学式组成来计算 π 电子对的平均值，计算结果表明斑铜矿可以提供 4.16 对 π 电子，黄铜矿可以提供 2.5 对 π 电子。

表 4-8 不同硫化铜矿阳离子提供 π 电子对情况

矿物	化学式	轨道上的 π 电子对数				按化学式组成计算出的平均 π 电子对数
		Cu^+	Cu^{2+}	Fe^{2+}	Fe^{3+}	
辉铜矿	Cu_2S	5				5.0
铜蓝	$Cu^{2+}S_2 \cdot Cu_2^+S$	5	4			4.67
斑铜矿	$Cu_4^+Cu^{2+}Fe^{2+}S_4$	5	4	1		4.16
	$Cu_5^+Fe^{3+}S_4$	5			0	4.16
黄铜矿	$Cu^{2+}Fe^{2+}S_2$		4	1		2.5
	$Cu^+Fe^{3+}S_2$	5			0	2.5

从表 4-8 中硫化铜矿金属离子提供 π 电子对数来看，其数值大小与黄药浮选硫化铜矿的可浮性顺序完全一致，即随着硫化铜矿提供 π 电子对的数量的减少，硫化铜矿的可浮性下降。需要特别指出的是，配位场的计算结果与黄铜矿、斑铜矿中具有争议性的价态无关，说明配位场理论反映了矿物的基本性质，即晶体结构和配位原子对金属离子的影响，这种影响在矿物浮选中有可能是决定性的作用。

4.6　过渡金属离子对黄铁矿表面吸附性能的影响

黄铁矿的可浮性变化非常大，在生产实践中不同产地，甚至同一产地不同矿层的黄铁矿的可浮性都有较大差异。这主要是因为黄铁矿晶体中常常含有杂质，如钴、镍、铜、金、砷等，这些杂质离子对黄铁矿的晶体结构和性质都有显著的影响，从而影响浮选药剂在黄铁矿表面的吸附。本节采用密度泛函理论研究了铁、钴、镍、铜四种过渡金属离子对黄铁矿表面与药剂分子作用的影响[13,14]。为了方便讨论，把黄铁矿自身的铁离子和掺杂离子一起讨论。浮选捕收剂和抑制剂在含杂质黄铁矿表面的吸附能见图 4-21。

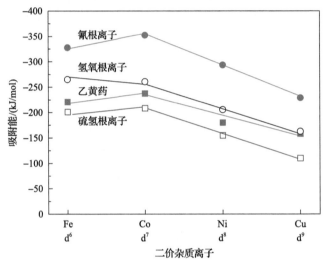

图 4-21　黄铁矿表面掺杂金属离子与药剂吸附能的关系

在图 4-21 中，乙黄药(EX⁻)为捕收剂，氰根离子(CN⁻)、氢氧根离子(OH⁻)和硫氢根离子(HS⁻)为抑制剂。从图可见，乙黄药、氰根离子、硫氢根离子这三种药剂在黄铁矿表面铁、钴、镍和铜原子上的吸附能和 d 电子数呈现单峰变化，即在 d^7 处吸附作用最强，然后依次减弱。氢氧根离子则稍有不同，吸附能随着 d 电子数增加而变得更正。在这四种药剂中，氰根离子、乙黄药为强场配体，能够和黄铁矿表面金属离子形成反馈 π 键；而氢氧根离子为弱场配体，与黄铁矿表面金属离子的作用主要是 σ 键。硫氢根则是属于极化率较大的软碱配体，容易和黄铁矿表面金属离子形成共价键。图 4-22 是 Fe^{2+}、Co^{2+}、Ni^{2+} 和 Cu^{2+} 在八面体强场中的排布。

从图 4-22 可见，正八面体场中 Fe^{2+}、Co^{2+}、Ni^{2+}、Cu^{2+} 的 d 电子排布在 t_{2g} 轨道上是完全相同的，但在 e_g 轨道上则完全不同，从二价铁离子到二价铜离子，e_g 轨道上的电子数从 0 依次增到 3。在正八面体配位结构中，e_g 轨道正对着配体，

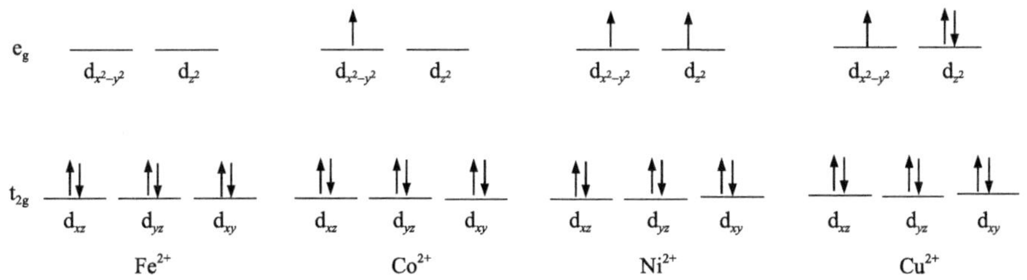

图 4-22　八面体强场下 Fe^{2+}、Co^{2+}、Ni^{2+}、Cu^{2+}的低自旋排布

e_g轨道上的电子越多，对配体的排斥作用越强。因此对于以 σ 键作用为主的氢氧根离子来说，随着 e_g轨道上电子数的增加，氢氧根离子受到的排斥作用增强，吸附作用减弱。氰根离子和乙黄药能够接受金属离子的 d 电子形成反馈 π 键，而硫氢根则容易和金属离子形成共价键，从而减弱了 e_g轨道对配体的排斥作用。对于 e_g轨道上只有一个电子的 Co^{2+}，e_g轨道排斥作用不明显；Co^{2+}半径比 Fe^{2+}小，电价作用(z^2/r)增大，从而增强了氰根离子、乙黄药和硫氢根离子与 Co^{2+}的作用。另外，从图 4-21 还可以看出，氰根离子在 Co^{2+}上吸附能最负，其次是乙黄药，最弱是硫氢根离子。这是因为氰根离子反馈 π 键能力最强，对 e_g轨道的排斥作用减弱最明显，硫氢根离子不能形成反馈 π 键，对 e_g轨道的排斥作用影响最小。对于 Ni^{2+}和 Cu^{2+}，e_g轨道的排斥效应开始占优势，随着 e_g轨道上电子数的增加，氰根离子、乙黄药和硫氢根离子的吸附作用减弱。

4.7　抑制剂的配位作用

4.7.1　羟基钙的空 π 轨道

石灰是硫化矿浮选最常见的抑制剂，不仅价格低，而且效果比氢氧化钠要好，是硫铁矿的有效抑制剂之一，在硫化矿浮选中获得广泛应用。一般认为石灰中的氢氧根离子和钙离子同时起作用，在黄铁矿表面形成氢氧化铁和硫酸钙亲水膜，从而增强了石灰的抑制效果。但是对于石灰的抑制机理仍然存在争议和不清楚之处：

(1)石灰对黄铁矿氧化的影响。电化学研究结果证实石灰增大了黄铁矿表面电阻，即石灰阻碍了黄铁矿的氧化[15]。浮选电化学理论认为表面氧化促进了硫化矿的抑制作用，因此一般用 $CaOH^+$的吸附和表面氧化共同作用来解释石灰对黄铁矿的抑制作用。但电化学的结果却表明石灰抑制了黄铁矿表面氧化作用，二者存在矛盾。

(2)钙离子的吸附问题。已有研究表明钙离子对黄药在黄铁矿表面吸附影响较小，因为钙离子属于碱土金属，与黄药的作用非常弱[16]。文献[17]结果发现钙离子在黄铁矿表面的吸附不妨碍黄药的吸附，甚至还有利。三种不同产地黄铁矿试验结果表明，钙离子在 pH 值为 4～8 时对黄铁矿没有抑制作用，只有在较高 pH 值条件下钙离子对黄铁矿的抑制效果才显著[18]。根据计算模拟结果[19]，钙离子与黄铁矿表面硫原子作用，而不是与铁原子作用；黄药则是与表面铁原子作用，因此钙离子在黄铁矿表面吸附不会影响黄铁矿与黄药作用。有学者认为钙离子是以硫酸钙形式吸附在黄铁矿表面，然而试验结果表明在浮选中加入硫酸根离子后，并不影响钙离子对黄铁矿的抑制作用[16]。这说明黄铁矿表面硫酸钙并不是抑制黄铁矿的主要因素，那么钙离子对黄铁矿的抑制作用除了硫酸钙的解释外，是否还有其他的作用机理？

(3)钙离子和氢氧根离子的协同作用。由于黄药与黄铁矿表面铁原子作用，因此抑制剂只有与黄铁矿表面铁原子作用才会影响黄药的吸附。氢氧根离子与黄铁矿表面铁原子作用形成羟基铁，减少了黄药的吸附活性点，因此 pH 值越高，黄药吸附量越小。石灰比氢氧根离子效果好说明钙离子和氢氧根离子发生了协同作用，增强了石灰的抑制效果。有学者认为[16]，钙离子与吸附在黄铁矿表面的氢氧根离子作用，亲水性增强。

(4)石灰的选择性问题。氢氧化钠对方铅矿有一定的抑制作用，石灰对方铅矿的抑制作用较弱，这也是铅锌浮选高碱工艺的基础。电化学理论用矿浆电位来解释石灰对方铅矿的作用，认为石灰造成的高碱环境的电位有利于捕收剂的电化学作用。浮选电化学理论可以解释乙硫氮等捕收剂在高碱条件下与方铅矿的作用，但没有解释石灰为何不与方铅矿表面作用。

图 4-23 是添加钙离子对黄铁矿浮选行为的影响。从图可见，在 pH 值为 6 时，添加钙离子不影响黄铁矿的回收率，回收率都在 90%左右，说明单独的钙离子并不抑制黄铁矿。当 pH 值超过 7 后，钙离子对黄铁矿的抑制作用增强，浮选回收率比不添加钙离子的低，说明钙离子的抑制作用需要氢氧根离子参与。溶液化学计算表明羟基钙($CaOH^+$)是石灰抑制黄铁矿的有效组分。

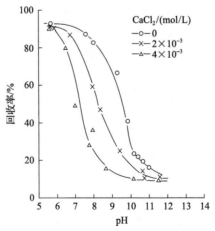

图 4-23　钙离子对黄铁矿抑制行为的影响[16]

黄药浓度：$6.5 \times 10^{-5} mol/L$

　　我们采用密度泛函理论计算了氢氧根离子和羟基钙离子的轨道,结果如图 4-24 所示。从图可见,氢氧根离子最高占据分子轨道(HOMO)是氧 p_y、p_z 非键轨道,最低未占分子轨道(LUMO)是由氧的 s 轨道和氢的 s 轨道组成的 σ 轨道。氢氧根离子的空 π 轨道在 18.98eV 处,比最低未占分子轨道高 15eV,不参与反应。因此可以认为氢氧根离子不能提供空 π 轨道,不能和金属离子形成反馈 π 键,氢氧根离子是弱场配体,属于硬碱。

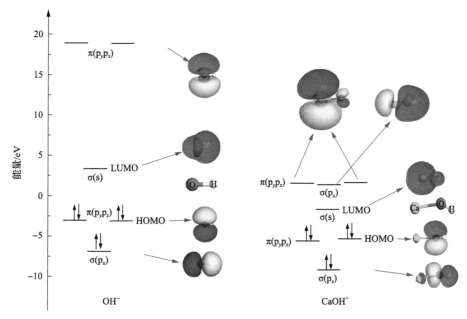

图 4-24　水溶液中氢氧根离子和羟基钙的空轨道和电子占据轨道

　　从图 4-24 可见,羟基钙的电子占据轨道 HOMO 形状与氢氧根离子相似,基本没有变化,也就是说钙离子不影响羟基上氧原子的给电子性质。但是钙离子极大地改变了羟基钙的空轨道能量和结构,和氢氧根离子相比,空轨道的能量更靠近电子占据态,羟基钙得电子能力增强。另外,羟基钙的空 π 轨道出现在次级未占分子轨道上,主要由钙离子和氧原子的 p_y、p_z 组成,且空 π 轨道的能量为 1.65eV,比氢氧根离子空 π 轨道(18.98eV)低得多。因此羟基钙能够提供空 π 轨道与金属离子形成反馈 π 键,羟基钙是强场配体,属于软碱。根据羟基钙和氢氧根离子的空 π 轨道差异可以得到如下结论:

　　(1)石灰比氢氧化钠更容易抑制黄铁矿。黄铁矿的 Fe^{2+} 为低自旋态,在八面体场下 d 电子排布为 $(t_{2g})^6(e_g)^0$,可以提供 3 对 π 电子,容易和羟基钙的空 π 轨道作用形成反馈 π 键,增强了羟基钙与黄铁矿的作用。而氢氧根离子不能提供空 π 轨道,无法与黄铁矿表面 Fe^{2+} 形成反馈 π 键,氢氧根离子和黄铁矿表面作用只有正向 σ 键作用,作用较弱。

(2)石灰对黄铁矿、毒砂、镍黄铁矿、黄铜矿和闪锌矿有较强的抑制作用，但对方铅矿的抑制作用较弱。方铅矿中 Pb^{2+} 的价电子结构为 $6s^2 6p^0$，没有 d 轨道，八面体场中 s 和 p 轨道为 σ 轨道，因此方铅矿不能提供 π 电子对，不能和石灰形成反馈 π 键，作用较弱。而黄铁矿、镍黄铁矿、毒砂、黄铜矿和闪锌矿都有 d 轨道，且在 t_{2g} 轨道上都有 π 电子对，能够与羟基钙的空 π 轨道作用，形成反馈 π 键，增强了羟基钙的抑制作用。

(3)氢氧化钠对镍黄铁矿的抑制作用不如石灰。镍黄铁矿中 Ni^{2+} 的电子排布为 $(t_{2g})^6 (e_g)^2$，e_g 轨道上有两个电子，没有空轨道，不能和氢氧根离子形成内轨型配位，只能形成外轨型配位。另外，e_g 轨道上的两个电子对氢氧根离子具有较强的排斥作用，不利于氢氧根离子在镍黄铁矿表面吸附。Ni^{2+} 的 t_{2g} 轨道上有三对 π 电子，容易和羟基钙形成反馈 π 键，因此石灰对镍黄铁矿的抑制比氢氧化钠更有效。

(4)黄铜矿和斑铜矿等含铁铜矿物比辉铜矿和铜蓝等不含铁的铜矿物更容易被石灰抑制。硫化铜矿中的铁都是高自旋态，Fe^{2+} 可以提供一对 π 电子，Fe^{3+} 则没有 π 电子对，但是由于羟基钙是强场配体，高自旋的二价铁和三价铁变成低自旋态，可以获得额外的晶体场稳定化能，增强了羟基钙的作用。

(5)石灰对六方磁黄铁矿的抑制作用比单斜更强，如图 4-25 所示。

从图 4-25 可以看出，石灰对六方磁黄铁矿的抑制作用比单斜要强。磁黄铁矿中三价铁和二价铁的比例一般为 1:2，单斜磁黄铁矿的比磁化系数达到 $10983 \times 10^{-6} \sim 14523 \times 10^{-6} cm^3/g$，六方磁黄铁矿的比磁化系数仅为 $331 \times 10^{-6} \sim 710 \times 10^{-6} cm^3/g$，磁性强的磁黄铁矿所含的三价铁更多些，因此单斜磁黄铁矿的三价铁含量比六方磁黄铁矿要高。单斜和六方磁黄铁矿的配体场结构如图 4-26 所示，由图可见六方场可以看作正八面体场。

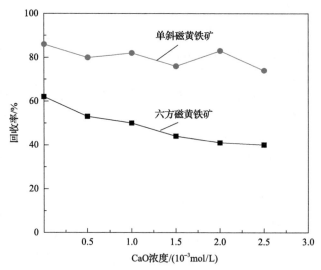

图 4-25 石灰对单斜和六方磁黄铁矿的抑制作用[20]

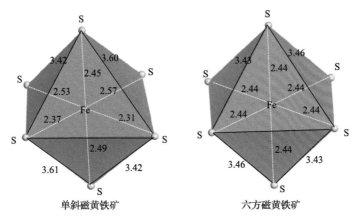

图 4-26　单斜和六方磁黄铁矿的配体场结构(单位：Å)

图 4-27 是六方磁黄铁矿和单斜磁黄铁矿晶体中二价铁和三价铁的 d 电子排布。在八面体场中，t_{2g} 轨道为 π 轨道，从图可见，Fe^{2+} 可以提供 1 对 π 电子，Fe^{3+} 则没有 π 电子对，因此含三价铁多的单斜磁黄铁矿反馈 π 键能力不如六方磁黄铁矿，羟基钙与六方磁黄铁矿的反馈 π 键作用强于单斜磁黄铁矿，六方磁黄铁矿更容易被石灰抑制。

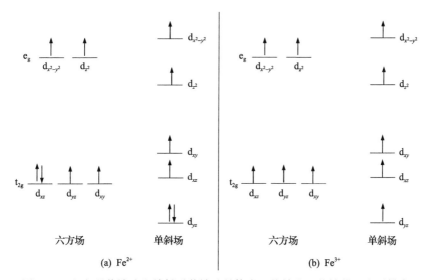

图 4-27　六方磁黄铁矿和单斜磁黄铁矿晶体中二价铁和三价铁的 d 电子排布

4.7.2　氰化物的强场配位作用

氰化物是典型抑制剂，除了不抑制方铅矿和辉钼矿外，抑制其他所有硫化矿物。对于难处理和难选矿石，只要添加适量的氰化物都可以取得较好的效果，如铅锌、铜铅、锌硫、铜钼的浮选分离。表 4-9 是用密度泛函理论计算出的水溶液中 CN⁻的分子轨道。从表 4-9 可见氰根离子的最低未占分子轨道为 π 轨道，最高占据分子轨道为 σ 轨道，因此氰根离子具有接受 π 电子的能力，是强场配体，而且是光谱序列中排在较前面的强场配体。

表 4-9　水溶液中 CN⁻的分子轨道能级及轨道性质

能量/eV	占据态	轨道形状	轨道组成	轨道性质
1.99	0		$C2p_yp_z$　　$N2p_yp_z$	LUMO　π^*反键
1.99	0			
−4.86	2		$C2p_x$　　$N2p_x$	HOMO　σ^*反键
−6.07	2		$C2p_yp_z$　　$N2p_yp_z$	π 成键
−6.07	2			
−8.04	2		$C2p_x$　　$N2p_x$	σ 成键
−19.64	2		C2sN2s	σ 成键
−267.29	2	C　N	C1s	σ 非键
−378.38	2	C　N	N1s	σ 非键

方铅矿晶体为六配位结构，配位场为八面体场，八面体场中 s、p 轨道为 σ 轨道，d 轨道的 t_{2g} 为 π 轨道，但是方铅矿的 Pb^{2+} 外层电子结构为 $6s^26p^0$，5d 轨道完全被屏蔽。因此方铅矿不能提供 π 电子对，不能与氰化物形成反馈 π 键，氰化物对方铅矿基本不抑制。另外，辉铋矿（Bi^{3+}：$5d^{10}6s^2$）和辉锑矿（Sb^{3+}：$4d^{10}5s^2$）与方铅矿类似，d 轨道被外层电子屏蔽，不能提供 π 电子对，也难以被氰化物抑制。

对于黄铁矿、黄铜矿、闪锌矿、镍黄铁矿、方钴矿等过渡金属硫化矿，具有 $3d^{6\sim10}4s^0$ 价电子结构，在配体场作用下这些 3d 轨道能够提供 π 电子对，可以和氰根离子的空 π 轨道形成反馈 π 键，因此这些过渡金属硫化矿都容易受到氰化物抑制。其中黄铁矿可以提供三对 π 电子，同时又可以提供 e_g 空轨道和氰化物形成内轨型 σ 键，因此氰化物对黄铁矿抑制作用最强。

另外如 Ag^+（$4d^{10}$）、Pt^+（$5d^9$）、Au^+（$5d^{10}$）、Au^{3+}（$5d^8$）、Pd^{2+}（$4d^8$）等贵金属离子，在价电子层也都含有 d 轨道，虽然部分离子为 d^{10} 惰性构型，但是由于配体与金属离子作用的分裂能随着电子层数增大而增大，这些 4d 轨道和 5d 轨道的贵金属离子也容易和氰化物形成反馈 π 键，因此含贵金属的矿物容易受到氰化物抑制。

4.7.3　含氧硫酸盐中的大 π 键

在多原子分子中，如果有相互平行的 p 轨道连贯重叠在一起构成一个整体，p 电子在多个原子间运动形成 π 型化学键，这种不局限在两个原子之间的 π 键称为离域 π 键或大 π 键。从表 4-10 可以看出，硫酸根和硫代硫酸根的 LUMO 轨道是 σ 轨道，而亚硫酸根的 LUMO 轨道则形成了离域大 π 反键，是 π 轨道。因此，亚硫酸根离子可以和矿物表面金属离子的 π 电子对形成反馈 π 键，而硫酸根和硫代硫酸根则不能形成反馈 π 键。理论上预测硫酸盐和硫代硫酸盐不能抑制黄铁矿，而亚硫酸盐可以抑制黄铁矿。

表 4-10　三种含氧硫酸根离子的前线轨道形状（(HF/6-31G(d))）

轨道名称	轨道形状		
	SO_4^{2-}	$S_2O_3^{2-}$	SO_3^{2-}
LUMO			
HOMO			

由图 4-28 可见，硫酸钠、硫代硫酸钠对黄铁矿没有抑制作用，亚硫酸钠对黄铁矿有较强的抑制作用，与理论预测一致。在铅锌浮选中，亚硫酸盐经常用来和

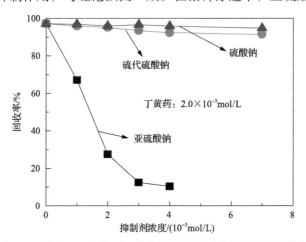

图 4-28　自然 pH 条件下三种含氧硫酸盐对黄铁矿的抑制效果

硫酸锌一起使用，增强对黄铁矿和闪锌矿的抑制作用。其原理就是利用黄铁矿的三对 π 电子和亚硫酸根离子的离域空 π 轨道作用，形成反馈 π 键。另外，亚硫酸盐对方铅矿抑制作用弱，主要是因为方铅矿没有 π 电子对，不能和亚硫酸根离子形成反馈 π 键。但是在用量大时，亚硫酸盐也可以抑制方铅矿，这是因为离域 π 键容易极化，而方铅矿的铅离子极化率也比较大，二者的诱导偶极子作用较强。

4.7.4 硫氢根离子抑制作用

在硫化矿浮选中，硫化钠除了对辉钼矿不抑制外，对其他硫化矿都有抑制作用。S^{2-} 在 pH 值大于 13 才是优势组分，因此硫化钠的有效抑制组分一般认为是硫氢根离子。水环境中硫氢根离子的分子轨道组成和轨道性质见表 4-11。

表 4-11 水环境中硫氢根离子的分子轨道组成和轨道性质

能量/eV	电子占据态	轨道形状	轨道组成	轨道性质
8.788	0		$S3p_y/3p_z$	π^* 反键
8.787	0			
7.074	0		S3s H1s	σ^* 反键
1.709	0		$S3p_x$ H2s	σ^* 成键, LUMO
−3.748	2		$S3p_y/3p_z$	π 非键, HOMO
−3.748	2			
−7.375	2		$S3p_x$ H2s	σ 成键
−14.628	2		S3s H1s	σ 成键
−151.843	2		$S2p_y/2p_z$	π 非键
−151.843	2			
−152.121	2		$S2p_x$	σ 非键
−205.763	2		S2s	σ 非键
−2393.719	2		S1s	σ 非键

从表4-11可见，硫氢根离子最高占据分子轨道为π轨道，最低未占分子轨道和次级未占分子轨道都是σ轨道，硫氢根离子的空π轨道能量较高，反应活性较差。从计算结果可知，硫氢根离子与羟基钙和氰根离子完全不同，空π轨道能量过高，活性差，难以和矿物表面金属离子形成反馈π键。

在乙黄药作捕收剂时，硫化钠对矿物的抑制顺序如下[9]：

$$方铅矿>黄铜矿>斑铜矿>铜蓝>黄铁矿>辉铜矿$$

从乙黄药和硫化钠的竞争吸附作用来看，二者属于不同的作用，乙黄药以反馈π键作用为主，硫化钠以σ键作用为主。表4-12给出了不同硫化矿提供π电子对数的情况。由表可见硫化矿提供π电子对数的顺序为：方铅矿<黄铜矿<黄铁矿<斑铜矿<铜蓝<辉铜矿，这一顺序与硫化钠的抑制顺序正好相反（黄铁矿除外），表明矿物与乙黄药的反馈π键作用越弱，越容易被硫化钠抑制。需要指出的是，黄铁矿虽然只有3对π电子，但是黄铁矿为八面体强场，分裂能较大，t_{2g}轨道上的3对π电子活性较大，增强乙黄药与黄铁矿的反馈π键作用，从而减弱了硫化钠的抑制效果。

表 4-12　不同硫化矿提供 π 电子对数的情况

矿物	化学式	轨道上的 π 电子对数					按化学式组成计算出的平均 π 电子对数
		Pb^{2+}	Cu^+	Cu^{2+}	Fe^{2+}	Fe^{3+}	
方铅矿	PbS	0					0
黄铜矿	$Cu^{2+}Fe^{2+}S_2$			4	1		2.5
	$Cu^+Fe^{3+}S_2$		5			0	2.5
斑铜矿	$Cu_4^+Cu^{2+}Fe^{2+}S_4$		5	4	1		4.16
	$Cu_5^+Fe^{3+}S_4$		5			0	4.16
铜蓝	$Cu^{2+}S_2 \cdot Cu_2^+S$		5	4			4.67
黄铁矿	FeS_2				3		3
辉铜矿	Cu_2S		5				5.0

在上述几节的讨论基础上，图4-29给出了氢氧化钠、石灰、亚硫酸钠、硫化钠和氰化物五种常见抑制剂的分子轨道。由图可见：

（1）氢氧根离子为硬碱，无空π轨道，可以提供两对σ电子，在吸附作用中只有σ键作用。

（2）羟基钙在次级未占分子轨道上有π轨道，属于比氢氧根离子更软的碱，提供两对孤对电子，在吸附作用中同时存在σ键和反馈π键作用。

（3）硫氢根离子在较高的能级有空π轨道，活性较弱，有两对孤对电子可以提供，在吸附作用中以σ键为主，有微弱的反馈π键。

（4）氰根离子最低未占分子轨道为π轨道，属于典型的软碱，在反键轨道上有一对孤对电子，在吸附作用中以反馈π键作用为主。

（5）亚硫酸根最低未占分子轨道为离域 π 键，在吸附中能够形成反馈 π 键。

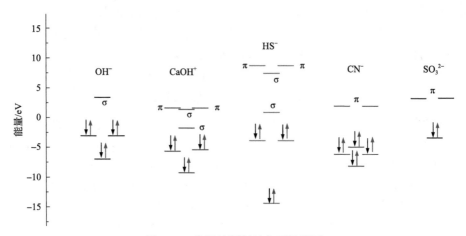

图 4-29　常见抑制剂的分子轨道图

从以上讨论可以知道，黄铁矿能够提供 3 对 π 电子，最容易被氰化物和亚硫酸盐抑制，其次是石灰，最弱是氢氧化钠。方铅矿没有 π 电子对，氰化物和石灰对方铅矿的抑制作用较弱。

镍黄铁矿和针硫镍矿在弱酸性、弱碱性或中性介质中均具有较好的可浮性。与黄铁矿不同，氢氧化钠对镍黄铁矿和针硫镍矿抑制作用较弱，石灰对镍黄铁矿和针硫镍矿有一定的抑制作用，但需要较大用量。单独使用石灰分离镍黄铁矿和黄铜矿的效果不够好，通常需加少量氰化物来抑制镍黄铁矿。氰化物对镍黄铁矿和针硫镍矿抑制作用最强，石灰其次，氢氧化钠最差。

采用密度泛函理论对针硫镍矿和镍黄铁矿晶体进行了计算，结果发现镍和铁的自旋磁矩都是 0，说明针硫镍矿和镍黄铁矿中的 Ni^{2+} 是低自旋态。八面体场下 Ni^{2+} 低自旋电子排布如图 4-30 所示。

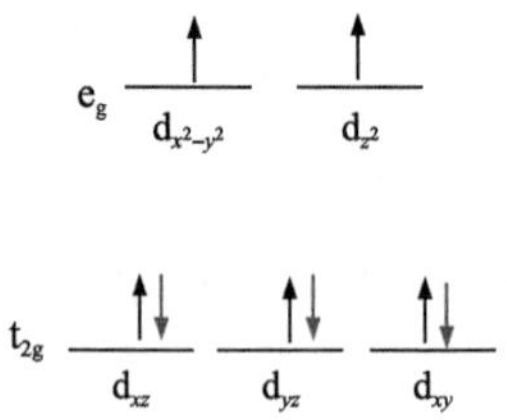

图 4-30　Ni^{2+} 在八面体场下的低自旋电子排布

从图 4-30 可见，Ni^{2+} 在 e_g 轨道上有两个电子，对配体具有较强的排斥作用。对于只有 σ 键作用的氢氧根离子而言，e_g 轨道的排斥作用非常显著，减弱了氢氧根离子的吸附作用，因此氢氧化钠对镍黄铁矿和针硫镍矿抑制作用都较弱。Ni^{2+} 在 t_{2g} 轨道上有三对 π 电子，可以和石灰和氰化物的空 π 轨道作用，形成反馈 π 键，因此石灰和氰化物都可以抑制镍黄铁矿和针硫镍矿等含镍矿物。羟基钙和氰根离子的差异在于空 π 轨道的位置，羟基钙的最低未占分子轨道是 σ 轨道，空 π 轨道在次级未占分子轨道上，能量稍高一些，空 π 轨道反应活性有所下降；而氰根离子的空 π 轨道为最低未占分子轨道，反应活性最强。因此羟基钙的反馈 π 键能力不如氰根离子，氰化物对含镍硫化矿的抑制作用比石灰要强。

4.8　电子云扩展效应与共价键

4.8.1　电子云扩展效应

电子云扩展效应是过渡金属物理化学中使用的术语，是指金属离子的能级在固体中相对于自由离子状态的能级发生红移的现象，后来被用来讨论晶体场中的共价作用。Jorgenson 认为电子云扩展效应是由共价性引起的，并引入参数 β 来衡量电子云扩展效应大小[21]：

$$\beta = 1 - hk \tag{4-1}$$

式中，β 为电子云扩展效应参数，β 越小，电子云扩展效应越显著，共价作用越强；k 为与中心金属离子相关的参数，d 轨道电子数越多，k 值越大；h 为与配体有关的参数，与配体的成键能力、电负性和极化率等因素相关。

电子云扩展效应表征了金属离子的共价能力，配体的电负性越小，极化率越大，金属离子的电子云扩展效应也就越大，二者成键的共价性也就越强。换句话说，与共价性大的配体作用会导致金属离子电子云扩展效应增大；反之，与离子性大的配体作用会导致金属离子电子云扩展效应减小。电子云扩展可使得 d 电子间排斥作用减小 20% 左右，有利于配位结构更加稳定。在配体场理论中，反馈 π 键可看作金属离子的 d 轨道上的 π 电子云扩展到配体的空 π 轨道，因此 d 轨道电子云扩展效应也反映了金属离子反馈 π 键的能力。

表 4-13 列出了部分配体的 h 值，从表可见配体对金属离子电子云扩展效应影响从小到大的顺序为

$$F^- < H_2O < (NH_2)_2CO = HCON(NH_2)_2 < NH_3 < (CH_2)_2(NH_2)_2 = (COO)_2^{2-} < Cl^- <$$
$$CN^- < Br^- < I^- < (C_2H_5O)_2PSS^- < O^{2-} < S^{2-} < Se^{2-}$$

这一顺序与晶体场中的光谱顺序和配体场顺序大概一致。水分子、氢氧根离子、羟基、氨基等的 h 值较小，极化率也小，对金属离子扩展效应影响比较小，以电价作用为主。氰根离子和含硫的官能团 h 值较大，对金属离子电子云扩展效应影响较大，以共价键为主。羧基则处于二者的中间，存在部分共价键。

金属离子的 k 值与晶体结构和配体有关，表 4-14 是采用拉卡参数实验值计算出的金属离子在不同晶体中的 k 值[22]。由表可见，金属离子在氧化物中的 k 值

表 4-13　部分配体 h 值和极化率

配体	h	极化率/Å^3	配体	h	极化率/Å^3	配体	h	极化率/Å^3
F^-	0.8	1.04	Cl^-	2.0	3.66	O^{2-}		3.88
H_2O	1.0	1.98	CN^-	2.1		S^{2-}		10.2
$HCON(NH_2)_2$	1.2		Br^-	2.3	4.77	Se^{2-}		10.5
$(NH_2)_2CO$	1.2		I^-	2.7	7.10			
NH_3	1.4	2.26	$(C_2H_5O)_2PSS^-$	2.8				
$(CH_2)_2(NH_2)_2$	1.5		$(COO)_2^{2-}$	1.5				

注：离子极化率数据来自附表 4。

表 4-14　金属离子在晶体中的 k 值[22]

晶体	Cr_2O_3	ZnO	CdS	ZnS	ZnSe
k	0.266	0.286	0.326	0.332	0.344

较小，电子云扩展效应不显著，离子性强；金属离子在硫化物中的 k 值较大，电子云扩展效应显著，共价性强。这表明金属离子在离子性晶体中具有较小的 k 值，在共价性晶体中具有较大的 k 值。

图 4-31 是孔雀石和黄铜矿的态密度。从金属离子 d 轨道的态密度分布可知，黄铜矿中的铜和铁的 3d 轨道离域性很强，d 电子分布在–7.0～2.5eV 范围；而孔雀石中铜 3d 轨道具有局域性，d 电子仅分布在–16～–12eV 范围，另外孔雀石的 3d 电子处于能级深部，黄铜矿的 3d 电子处于费米能级附近，也说明黄铜矿的 d 电子比孔雀石要活跃。态密度结果表明，氧化矿金属离子的 d 电子云扩展效应弱，硫化矿金属离子的 d 电子云扩展效应强，与 k 值分析结果一致。

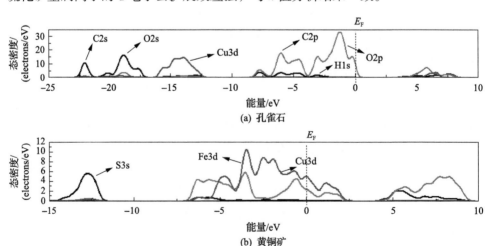

图 4-31　孔雀石(a)和黄铜矿(b)晶体中原子的态密度

对于氧化矿，氧配体 h 值小，氧化矿晶体中的金属离子 k 值也小。由式(4-1)可知，氧化矿的 β 值较大，金属离子的电子云扩展效应弱，难以和 h 值大的配体发生共价作用，即氧化矿倾向于和静电性强、极化率小的硬碱配体作用。对于硫化矿，硫配体具有较大 h 值，且金属离子在硫化物中 k 值也较大。由式(4-1)可知硫化矿的 β 值较小，硫化矿金属离子的电子云扩展效应显著，容易和 h 值大的配体发生共价作用，即硫化矿倾向于和共价性强、极化率大的软碱配体作用。

4.8.2　配体结构和性质对电子云扩展效应的影响

Newman 认为配体的极化率是影响 β 的一个重要因素,极化率越大,β 越大[23]。高发明等认为电子云扩展效应不仅与配体的性质有关，还与其结构有关，并给出了配体 h 的计算公式[24]：

$$h = \sqrt{f_c \alpha_L N} \tag{4-2}$$

式中，f_c 为键的共价性；α_L 为阴离子键域极化率；N 为配位数。由式(4-2)可见，配体的 h 值随着键的共价性、配体极化率和配位数的增大而增大。表 4-15 给出了由式(4-2)计算出不同晶体中阴离子配体的 h 值。由表可见，对于同一个中心离子，F^- 的 h 值最小，其次是 O^{2-}，S^{2-} 最大。对同一中心离子，配体的 h 值越大，β 值就越小，金属离子的电子云扩展效应就越显著，共价性越强。表 4-15 的结果说明，氟化物、氧化物的电子云扩展效应小于硫化物，硫化矿物具有较强的共价性。

表 4-15　不同晶体结构中阴离子的 h 值[24]

晶体	配位数	h	晶体	配位数	h
MgF$_2$	6	0.367	GaAs	4	2.374
MgO	6	0.496	CdF$_2$	8	0.351
MgS	6	0.989	CdO	6	0.760
ZnF$_2$	6	0.477	CdS	4	1.075
ZnO	4	0.756	MnF$_2$	6	0.456[22]
ZnS	4	1.411	MnO	6	0.747[22]
GaP	4	2.084	MnS	6	1.698[22]

在浮选药剂中，黑药是铅锌矿中最常用的捕收剂，对方铅矿具有较好的捕收性，对黄铁矿和闪锌矿捕收作用弱。从表 4-13 可见，在所有配体中，黑药离子 $[(C_2H_5O)_2PSS^-]$ 具有较大 h 值，说明黑药离子和金属离子作用具有较强的共价性。方铅矿中的铅离子是过渡金属离子中极化率最大的离子(表 4-6)，容易发生变形，形成共价键。因此黑药与方铅矿表面的铅离子容易作用，形成稳定的共价键。其他的铜、铅、锌、铁等过渡金属离子的极化率明显小于铅离子，与黑药的共价作

用弱于铅离子。

氧化矿的硫化机理是在氧化矿表面生成一层硫化物，如白铅矿表面生成硫化铅，孔雀石表面生成硫化铜(铜蓝)，菱锌矿表面生成硫化锌。硫离子(硫氢根)属于 h 值较大的配体，容易与电子云扩展性大的金属离子作用，形成共价键。白铅矿中铅离子的价电子层结构为 $6s^26p^0$，没有 d 轨道，因此晶体场对铅离子没有影响，但是铅离子有较大的极化率，容易和硫离子发生作用而形成共价键。因此氧化铅容易发生硫化作用，表面形成硫化铅。

氧化铜矿和氧化锌矿具有不同的性质和反应活性，铜离子和锌离子与不同配体作用的热力学数据见表 4-16。从表可见，不同配体与铜离子作用的生成焓变化比较大，表明配体场对铜离子 3d 有较大的影响，铜离子 d 轨道具有较大活性；d 轨道电子数越多，k 值越大，铜离子为 $3d^9$ 结构，有较大的 k 值，因此氧化铜矿物中铜离子的电子云伸展效应较强，容易和极化率大的硫离子形成共价键。因此氧化铜矿物容易硫化，形成的硫化膜也比较稳定。

表 4-16　25℃铜离子和锌离子与不同配体作用的热力学数据(kJ/mol)

配合物	ΔH	$T\Delta S$	ΔG
$[Cu(NH_3)_2]^{2+}$	−50.23	−5.44	−44.79
$[Cu(en)]^{2+}$	−61.11	1.67	−62.78
$[Zn(NH_3)_2]^{2+}$	−28.04	0.42	−28.46
$[Zn(en)]^{2+}$	−27.63	7.53	−35.16

而锌离子则不同，锌离子是 $3d^{10}$ 全充满结构，它与不同配体作用的生成焓几乎不变，说明锌离子 3d 轨道惰性比较强，k 值比较小；另外，氧配体的 h 值也比较小。由式(4-1)可知，氧化锌矿的 β 值较大，锌离子电子云扩展效应较弱。因此氧化锌矿难以和极化率大的硫离子发生共价作用，形成的硫化薄膜也不稳定。

4.8.3　自旋态对电子云扩展效应的影响

中心离子的价态和性质影响电子云扩展效应，高发明等认为中心离子的 k 值与氧化态和自旋值有关[22]，k 值计算公式如下所示：

$$k = \left[\frac{z+2-S}{5}\right]^2 \tag{4-3}$$

式中，k 为离子电子云扩展效应参数；z 为电价值；S 为自旋值。由式(4-3)可知，中心离子的自旋值越小，k 值越大，d 电子云扩展效应越显著。前面说过，在配位场中 π 电子对具有离域性和伸展性，式(4-3)中自旋值与 d 电子云扩展效应的关系与配位场理论完全一致，即低自旋态 π 电子对多，自旋值 S 较小，k 值大，因此 β

值小，电子云扩展效应强，离域性强，而高自旋态 π 电子对少，自旋值 S 较大，k 值小，β 值大，电子云扩展效应弱，离域性较差。

黄铁矿和磁黄铁矿的金属离子都是 Fe^{2+}，但是黄铁矿比磁黄铁矿更容易被黄药捕收。黄铁矿为低自旋态，$S=0$，磁黄铁矿为高自旋态，S 不为 0，因此磁黄铁矿的 k 值比黄铁矿要小。根据计算公式 $\beta=1-hk$，可知磁黄铁矿的 β 比黄铁矿要大，因此磁黄铁矿的电子云扩展效应弱于黄铁矿，黄铁矿更容易和黄药形成共价键。

氧化镍矿和硫化镍矿中镍离子的 d 电子排布都是 $(t_{2g})^6(e_g)^2$ 的结构，在 t_{2g} 轨道上有三对 π 电子，但黄药可以浮选硫化镍矿，氧化镍矿浮选则需要长碳链黄药。密度泛函理论计算结果表明硫化镍轨道的磁矩小于氧化镍矿，即硫化镍矿的自旋值 S 比氧化镍矿要小，因此硫化镍矿的 k 大于氧化镍矿。另外，硫化镍矿晶体中硫配体的 h 值也比氧化镍矿中的氧配体要大。根据计算公式 $\beta=1-hk$，可知硫化镍矿 β 值较小，氧化镍矿 β 值较大，因此硫化镍矿的 d 电子云扩展效应显著，容易和黄药形成共价键。而氧化镍矿的 d 电子云扩展效应较弱，难以和黄药发生共价作用。

毒砂和黄铁矿浮选行为相似，但毒砂比黄铁矿更容易被石灰抑制，如图 4-32 所示。毒砂和黄铁矿晶体结构和性质非常相似，都是六配位结构，黄铁矿和毒砂的铁都是低自旋，价态也都是 +2 价。毒砂和黄铁矿唯一的区别在于铁的配位结构，从图 4-33 可见，黄铁矿的铁与六个硫配位，毒砂的铁与三个硫和三个砷配位。

根据表 4-15 的数据可知砷配体具有较大 h 值，因此毒砂中 d 电子云扩展效应大于黄铁矿。采用密度泛函理论计算结果证实毒砂的 d 轨道上的 t_{2g} 比黄铁矿更加离域(图 4-33)。因此毒砂比黄铁矿更容易和羟基钙发生共价作用，石灰对毒砂的抑制作用强于黄铁矿。

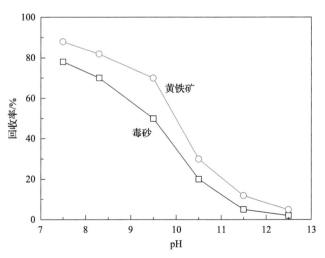

图 4-32　石灰调 pH 条件下，黄铁矿和毒砂的浮选行为

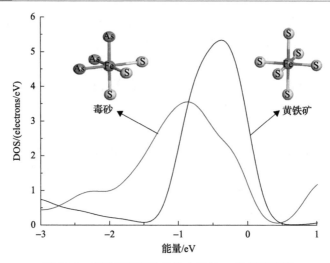

图 4-33 黄铁矿和毒砂晶体中铁的 t_{2g} 轨道态密度

参 考 文 献

[1] 格列姆博茨基 B A. 浮选过程物理化学基础[M]. 郑飞等, 译. 北京: 冶金工业出版社, 1985.

[2] 王福良. 铜铅锌铁主要硫化氧化矿物浮选的基础理论研究[D]. 沈阳: 东北大学, 2008.

[3] 陈建华, 朱阳戈. 浮选体系矿物表面金属离子的半约束性质研究[J]. 中国矿业大学学报, 2021, 50 (6): 1-8.

[4] Rao S R, Finch J A. Base metal oxide flotation using long chain xanthates[J]. International Journal of Mineral Processing, 2003, 69 (1-4): 251-258.

[5] 谢贤. 难选铁闪锌矿多金属矿石的浮选试验与机理探讨[D]. 昆明: 昆明理工大学, 2011.

[6] Jiang Yu, Wu X Q, Zhao Z Q, et al. Effect of a small amount of iron impurity in sphalerite on xanthate adsorption and flotation behavior[J]. Minerals, 2019, 9 (11): 687.

[7] Gigowski B, Vogg A, Wierer K, et al. Effect of Fe-lattice ions on adsorption, electrokinetic, calorimetric and flotation properties of sphalerite[J]. International Journal of Mineral Processing, 1991, 33 (1-4): 103-120.

[8] 游效曾. 离子的极化率[J]. 科学通报, 1974, (9): 419-423.

[9] 胡为柏. 浮选[M]. 北京: 冶金工业出版社, 1989.

[10] Goh S W, Buckley A N, Lamb R N, et al. The oxidation states of copper and iron in mineral sulfides, and the oxides formed on initial exposure of chalcopyrite and bornite to air[J]. Geochimica et Cosmochimica Acta, 2006, 70 (9): 2210-2228.

[11] Buckley A N, Woods R. X-ray photoelectron spectroscopic investigation of the tarnishing of bornite[J]. Australian Journal of Chemistry, 1983, 36 (9), 1793-1804.

[12] van der Laan G, Pattrick R A D, Charnock J M, et al. Cu $L_{2,3}$ X-ray absorption and the electronic structure of nonstoichiometric Cu_5FeS_4[J]. Physical Review B Condensed Matter, 2002, 66, 045104-1-045104-5.

[13] 陈建华. 硫化矿物浮选晶格缺陷理论[M]. 长沙: 中南大学出版社, 2012.

[14] 李玉琼. 晶格缺陷对黄铁矿晶体电子结构和浮选行为影响的密度泛函理论研究[D]. 南宁: 广西大学, 2011.

[15] 张英, 覃武林, 孙伟, 等. 石灰和氢氧化钠对黄铁矿浮选抑制的电化学行为[J]. 中国有色金属学报, 2011, 21 (3): 675-679.

[16] Tsai M S, Matsuoka I, Shimoiizaka J. The role of lime in xanthate flotation of pyrite[J]. Journal of the Mining and Metallurgical Institute of Japan, 1971, 87: 1053-1057.

[17] 王竹生, 冯慧华, 于兴涌. 黄铁矿浮选机理的研究[J]. 化工矿物与加工, 1983(3): 33-37.

[18] 陈述文, 胡熙庚. 黄铁矿化学组成不均匀性与可浮性关系[J]. 湖南有色金属, 1991, 7(5): 278-283.

[19] Li Y Q, Chen J H, Kang D. Depression of pyrite in alkaline medium and its subsequent activation by copper[J]. Minerals Engineering, 2012, 26: 64-69.

[20] 洪秋阳, 汤玉和, 王毓华. 磁黄铁矿结构性质与可浮性差异研究[J]. 金属矿山, 2011, 1: 64-67.

[21] Jorgensen C K. Absorption Spectra and Chemical Bonding in Complexes[M]. Oxford: Pergamon Press, 1962.

[22] 高发明, 张思远. 3d 过渡晶体化学键共价性和光谱位移研究[J]. 无机化学学报, 2000, 16(5): 751-756.

[23] Newman D J, Ligand ordering parameters[J]. Australian Journal of Physics, 1977, 30(3): 315.

[24] 高发明, 张思运. 成键和极化对电子云扩大效应的影响[J]. 化学物理学报, 1993, (4): 321-327.

晶体场稳定化能对浮选药剂作用的影响 第5章

在配位化合物中，配体的存在导致金属 d 轨道发生分裂，电子从没有分裂的 d 轨道进入分裂后的 d 轨道会发生重新排布，电子重新排列所产生的能量下降值称为晶体场稳定化能(crystal field stabilization energy)，简称 CFSE。晶体场稳定化能对配合物的稳定性具有非常重要的作用。另外，晶体场稳定化能的大小一般为几十到几百千焦每摩尔，与浮选药剂在矿物表面的吸附能接近，因此晶体场稳定化能对浮选药剂的吸附和解吸都有较大的影响。本章讨论晶体场稳定化能对矿物表面吸附药剂的影响。

5.1   晶体场稳定化能

5.1.1 电子成对能的影响

电子配对并不是意味着自旋相反的两个电子相互吸引，电子之间永远是互相排斥的。当一个轨道中已有一个电子时，若在该轨道填入自旋相反的电子与之成对，必须克服电子与电子之间的静电排斥作用，这就是电子成对能 P，因此在计算晶体场稳定化能时需要考虑电子成对能的影响。下面以二价铁离子在八面体场下作用的 d 电子排布来讨论电子成对能对晶体场稳定化能的影响。Fe^{2+} 在八面体弱场 Δ_1 和强场 Δ_2 下的电子排布如图 5-1 所示。

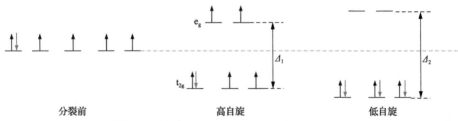

图 5-1 Fe^{2+} 在八面体弱场 Δ_1 和强场 Δ_2 下的轨道分裂及 d 电子排布

在 d 轨道分裂前 Fe^{2+} 的 6 个 d 电子排在同一能级，这时 d 轨道能级称为简并态。在正八面体场作用下 d 轨道分裂为 e_g 和 t_{2g} 两组轨道，根据配位化学中的定义，e_g 轨道能量为 6Dq，t_{2g} 轨道能量为–4Dq。在配位化学中轨道能量的绝对值并不重要，只要知道相对值就可以进行比较和获得结论。配位化学主要是研究轨道分裂的影响，以分裂前的能量为参考能量，轨道分裂前后总能量保持不变，因此 e_g 两个轨道与 t_{2g} 三个轨道的能量之和为 0。对于 Fe^{2+}，6 个 d 电子分别在八面体场体场中的高自旋(HS)和低自旋(LS)上的 CFSE 如下所示。

高自旋：

$$CFSE=2\times6Dq+4\times(-4Dq)+1\times P=-4Dq+P$$

低自旋：

$$CFSE=0\times6Dq+6\times(-4Dq)+3\times P=-24Dq+3P$$

其中，P 为电子成对能，Dq 大小取决于分裂能 Δ 的大小，二者关系为 $\Delta=10Dq$。为了计算出上述 CFSE 值，需要知道 Fe^{2+} 的电子成对能和分裂能数据。Fe^{2+} 的电子成对能在理想状态下为 $19250cm^{-1}(229.1kJ/mol)$，一般认为在晶体中电子成对能降低 15%左右，在此取 Fe^{2+} 的电子成对能为 194.7kJ/mol。分裂能与配体有关，我们用水分子和氰根离子分别作为典型的弱场配体和强场配体来讨论，其中光谱法测得$[Fe(H_2O)_6]^{2+}$分裂能为 $10400cm^{-1}(124.4kJ/mol)$，$[Fe(CN)_6]^{4-}$的分裂能为 $32800cm^{-1}(391.3kJ/mol)$，水分子、氰根离子与铁离子的 CFSE 计算结果见表 5-1 所示。

表 5-1　考虑电子成对能时的 CFSE 计算值(kJ/mol)

配合物	分裂能		成对能 P	CFSE		
	Δ	Dq		分裂能贡献	成对能贡献	合计
$[Fe(H_2O)_6]^{2+}$	124.4	12.44	194.7	−49.8	194.7	144.9
$[Fe(CN)_6]^{4-}$	391.3	39.13	194.7	−939.2	584.1	−355.1

从表 5-1 可见，对于强场配体，由于分裂能大于电子成对能，电子成对能会减小 CFSE 的数值，不会改变 CFSE 的正负。但是对于弱场配体，由于分裂能小于电子成对能，电子成对能不仅会改变 CFSE 的数值，甚至还会改变 CFSE 的正负，导致配体从稳定状态变为不稳定状态。而实际情况却是配合物比离子更加稳定，说明上述 CFSE 计算方法有问题。实际上 d 轨道分裂前也会存在电子成对排

布现象，如 $d^6 \sim d^9$ 构型的电子排布：

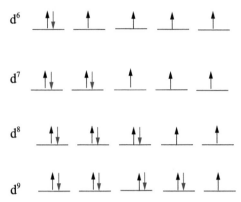

晶体场稳定化能指的是在配体作用下 d 轨道发生分裂，电子在 d 轨道上重新排列形成的额外能量，这部分能量增强了配合物的稳定性，因此 CFSE 应该考虑分裂前的 d 电子排布情况。对于高自旋排布，电子成对能大于分裂能，电子倾向于单个排布，这与没有分裂的 d 轨道排布相同，电子成对能对 CFSE 没有贡献。对于低自旋排布，电子成对能小于分裂能，电子倾向于成对排布，低自旋的成对电子数大于没有分裂的 d 轨道数，需要考虑电子成对能的影响。根据以上讨论，可以确定 Fe^{2+} 在八面体场下高自旋和低自旋状态的 CFSE 分别为 $-4Dq$ 和 $-24Dq+2P$，分别对应 $-49.8kJ/mol$ 和 $-549.7kJ/mol$，因此 Fe^{2+} 的低自旋态比高自旋态稳定。表 5-2 给出考虑电子成对能的 $d^4 \sim d^7$ 过渡金属离子在八面体场的 CFSE。

根据配位场理论，强场配体具有空 π 轨道，能够接受中心离子的 π 电子，而弱场配体的 π 轨道为占据态，是 π 电子给予体。一般认为 R_3P、R_3As、R_2S、CO、CN^- 等具有空 π 轨道，是强场配体，而 F^-、Cl^-、Br^-、I^-、OH^-、H_2O 等为弱场配体。另外，根据晶体场理论，当配体的分裂能大于电子成对能时，为强场配体；当配体的分裂能小于电子成对能时，为弱场配体。根据上述理论，矿物晶体的分裂能应该满足以下条件：

高自旋态：$\Delta < P$

低自旋态：$\Delta > P$

表 5-3 给出了 $d^4 \sim d^7$ 过渡金属离子的电子成对能和不同配体下的分裂能。从表中可以看出，对于弱场配体水分子，分裂能都小于相应离子的电子成对能；对于强场配体氰根离子，分裂能都大于相应离子的电子成对能。

表 5-4 为采用晶格能计算的矿物晶体分裂能数据。从表 5-4 可见，碳酸盐、氧化物的分裂能和弱场配体水分子的分裂能(表 5-3)接近，而且都小于相应的电子成对能。

表 5-2　考虑电子成对能的 $d^4 \sim d^7$ 过渡金属离子在八面体场的 CFSE

d	球形场电子排布	八面体场 自旋态	电子排布	CFSE
4	↑ ↑ ↑ ↑ ―	高自旋	↑ ― / ↑ ↑ ↑	−6Dq
		低自旋	― ― / ↑↓ ↑ ↑	−16Dq+P
5	↑ ↑ ↑ ↑ ↑	高自旋	↑ ↑ / ↑ ↑ ↑	0
		低自旋	― ― / ↑↓ ↑↓ ↑	−20Dq+2P
6	↑↓ ↑ ↑ ↑ ↑	高自旋	↑ ↑ / ↑↓ ↑ ↑	−4Dq
		低自旋	― ― / ↑↓ ↑↓ ↑↓	−24Dq+2P
7	↑↓ ↑↓ ↑ ↑ ↑	高自旋	↑ ↑ / ↑↓ ↑↓ ↑	−8Dq
		低自旋	↑ ― / ↑↓ ↑↓ ↑↓	−18Dq+P

表 5-3　$d^4 \sim d^7$ 构型的电子成对能和配体的分裂能 (kJ/mol)

电子构型	离子	电子成对能	分裂能 Cl^-	H_2O	CN^-
d^4	Cr^{2+}	244.3		166.2	
	Mn^{3+}	301.6		251.1	
d^5	Mn^{2+}	285.0	89.7	101.7	358.8
	Fe^{3+}	357.4	131.6	171	
d^6	Fe^{2+}	229.1		124.3	392.2
	Co^{3+}	282.6		247.6	416.2
d^7	Co^{2+}	250		120.8	

表 5-4 采用矿物晶格能计算的过渡金属离子分裂能（kJ/mol）

离子	d	矿物晶体（八面体）				
		MCl_2(HS)	MCO_3(HS)	MO(HS)	MS(HS)	MSe(LS)
Cr^{2+}	4	213				
Mn^{2+}	5					
Fe^{2+}	6	167	144	188	191	250
Co^{2+}	7	130	112	121	138	218
Ni^{2+}	8	106	80	115	123	141
Cu^{2+}	9	196	169	227	302	370

注：HS 表示高自旋态；LS 表示低自旋态。

硫化物的分裂能大于氧化物，硒化物分裂能最大。例如，FeSe 分裂能为 250kJ/mol，二价铁的电子成对能为 229.1kJ/mol，分裂能大于电子成对能，因此 Se^{2-} 为强场配体。

硫化物的分裂能可以根据中心离子的自旋态来确定，如黄铁矿的 Fe^{2+} 为低自旋态，那么黄铁矿晶体中 $[S_2]^{2-}$ 则为强场配体，黄铁矿晶体的分裂能至少要大于 Fe^{2+} 电子成对能（229.1kJ/mol），但要小于强场配体氰根离子的分裂能（392.2kJ/mol）。参考 FeSe 矿物晶体的分裂能数据，黄铁矿的分裂能在 250~300kJ/mol。对于磁黄铁矿，Fe^{2+} 为高自旋态，磁黄铁矿晶体的分裂能要小于 Fe^{2+} 电子成对能（229.1kJ/mol），表 5-4 中 FeS 晶体的分裂能（191kJ/mol），比较符合磁黄铁矿的情况。黄铜矿、闪锌矿都为四面体结构，分裂能只有八面体的 4/9，即使按照强场配体氰根离子的分裂能来计算，它们的分裂能也小于 200kJ/mol，这一数据都比金属离子的电子成对能小，因此四面体化合物基本都是高自旋态。黄铜矿和闪锌矿等四面体结构的分裂能可以参考表 5-4 中硫化物的分裂能进行估计。

5.1.2 晶体场结构对稳定化能的影响

表 5-5 列出了常见对称场下的 d 轨道分裂能参数 Dq 值，根据 Dq 值和 d 电子构型，我们就可以求出给定对称场下的 CFSE。例如，d^9 构型的 Cu^{2+} 在平面正方形场和正四面体场下的 CFSE 分别为

平面正方形场：

$$CFSE = -5.14Dq \times 4 + (-4.28Dq) \times 2 + 2.28Dq \times 2 + 12.28Dq \times 1 = -12.28Dq$$

正四面体场：

$$CFSE = -2.67Dq \times 4 + 1.78Dq \times 5 = -1.78Dq$$

由此可见，Cu^{2+} 在平面正方形场下的 CFSE 大于正四面体场，因此 $[Cu(NH_3)_4]^{2+}$ 络合物为平面正方形结构，而不是四面体结构。

表 5-5　各种对称场下的 **d** 轨道分裂能参数 **Dq** 值[1]

对称场	$d_{x^2-y^2}$	d_{z^2}	d_{xy}	d_{xz}	d_{yz}	备注
直线形	−6.28	10.28	−6.28	1.14	1.14	沿 x 轴成键
正三角形	5.46	−3.21	5.46	−3.85	−3.85	在 xy 平面成键
正四面体	−2.67	−2.67	1.78	1.78	1.78	
平面正方形	12.28	−4.28	2.28	−5.14	−5.14	在 xy 平面成键
平面五边形	9.10	−5.35	9.10	−6.42	−6.42	
三角双锥	−0.82	7.07	−0.82	−2.71	−2.71	
四方锥	9.14	0.86	−0.86	−4.57	−4.57	锥底在 xy 平面
五角双锥	2.82	4.93	2.82	−5.28	−5.28	
三角锥	−5.84	0.96	−5.84	5.36	5.36	
正八面体	6.0	6.0	−4.0	−4.0	−4.0	
正立方体	−5.34	−5.34	3.56	3.56	3.56	

　　矿物表面水化作用，可以看作不同配体场的转变，如对于黄铁矿，表面 Fe^{2+} 为五配位的四方锥结构，吸附水分子后，铁原子变为六配位的八面体结构，如图 5-2 所示。

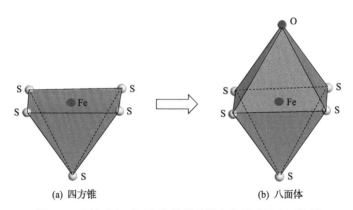

(a) 四方锥　　　　　　　　　　　　(b) 八面体

图 5-2　黄铁矿表面四方锥场及吸附水分子后的八面体场

　　黄铁矿的 $[S_2]^{2-}$ 为强场配体，铁为低自旋态，根据表 5-5，我们可以分别计算出四方锥场和八面体场下低自旋态的 Fe^{2+} 的 CFSE：

　　四方锥场：

$$CFSE = -4.57Dq \times 4 + (-0.86Dq) \times 2 + 2P = -20Dq + 2P$$

　　八面体场：

$$CFSE = -4.0Dq \times 6 + 2P = -24Dq + 2P$$

计算结果表明，低自旋态的 Fe^{2+} 在八面体场下的 CFSE 比四方锥要负，说明吸附水分子后的黄铁矿表面 Fe^{2+} 更稳定，因此黄铁矿表面 Fe^{2+} 具有亲水性。密度泛函理论计算结果发现，水分子在黄铁矿表面的吸附能达到 65kJ/mol[2]，属于较强作用。

下面讨论晶体场稳定化能对黄铜矿表面吸附水的影响。黄铜矿为四配位结构，其中稳定解理面(112)面为三配位结构，吸附水分子后变成四配位结构。黄铜矿的 Fe^{2+} 为高自旋态，Fe^{2+} 在三角形场和四面体场中的 CFSE 为

(1)三角形场：

$$CFSE = -3.86 \times 2 + (-3.86) \times 1 + (-3.21) \times 1 + 5.46 \times 1 + 5.46 \times 1 = -3.87 (Dq)$$

(2)四面体场：

$$CFSE = -2.67 \times 2 + (-2.67) \times 1 + 1.78 \times 1 + 1.78 \times 1 + 1.78 \times 1 = -2.67 (Dq)$$

计算结果表明，Fe^{2+} 在三角形场中 CFSE 比在四面体场中更负，表明黄铜矿表面 Fe^{2+} 的结构比吸附水分子后更稳定，因此黄铜矿表面的 Fe^{2+} 具有疏水性。另外，对于三价铁离子，由于 d^5 的特殊结构，CFSE 为 0，晶体场稳定化能对配位作用没有贡献，在此不讨论。

下面讨论姜-泰勒效应产生的八面体畸变对分裂能的影响。当电子分布在 d_{z^2} 上，z 轴拉长，形成拉伸八面体；当电子分布在 $d_{x^2-y^2}$ 上，xy 轴拉长，形成压缩八面体。图 5-3 给出正八面体场发生姜-泰勒畸变后的 d 轨道的能级分裂情况，相应的 d 轨道分裂值见表 5-6。

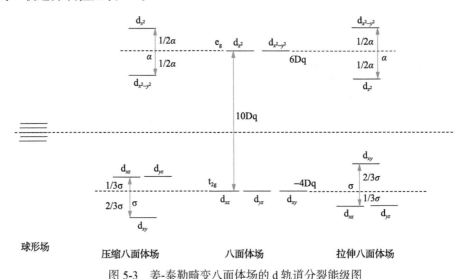

图 5-3　姜-泰勒畸变八面体场的 d 轨道分裂能级图

表 5-6　姜-泰勒畸变八面体场的 d 轨道分裂值（Dq）

对称场	$d_{x^2-y^2}$	d_{z^2}	d_{xy}	d_{xz}	d_{yz}
正八面体	6Dq	6Dq	−4Dq	−4Dq	−4Dq
拉伸八面体	6Dq+1/2α	6Dq−1/2α	−4Dq+2/3σ	−4Dq−1/3σ	−4Dq−1/3σ
压缩八面体	6Dq−1/2α	6Dq+1/2α	−4Dq−2/3σ	−4Dq+1/3σ	−4Dq+1/3σ

根据表 5-6 的 d 轨道分裂值，我们可以计算出过渡金属离子在拉伸八面体场和压缩八面体场中的晶体场稳定化能 CFSE 值，结果见表 5-7。从表中结果可见，金属离子畸变的八面体场中的晶体场稳定化能 CFSE 都比正八面体更负一些，说明八面体畸变场能够增强配位结构的稳定性。另外，从晶体场稳定化能数据来分析，Ti^{3+}、Fe^{2+} 在压缩八面体空隙中比拉伸八面体稳定，V^{3+}、Co^{2+} 在拉伸八面体空隙中比压缩八面体稳定，Cr^{2+}、Mn^{3+}、Ni^{3+}、Cu^{2+} 在畸变的八面体空隙中比正八面体稳定，它们在拉伸八面体和压缩八面体中的 CFSE 值相同。

表 5-7　过渡金属离子在拉伸和压缩八面体场中晶体场稳定化能（Dq）

d 电子排布	离子	拉伸八面体	压缩八四面体	稳定结构
d^0	Ca^{2+}, Ti^{4+}, Sc^{3+}	0	0	八面体
d^1	Ti^{3+}	−4Dq−1/3σ	−4Dq−2/3σ	压缩八四面体
d^2	V^{3+}	−8Dq−2/3σ	−8Dq−1/3σ	拉伸八面体
d^3	V^{2+}, Cr^{3+}	−12Dq	−12Dq	八面体
d^4	Cr^{2+}(HS) Mn^{3+}(HS)	−6Dq−1/2α	−6Dq−1/2α	变形八面体
d^5	Mn^{2+}(HS) Fe^{3+}(HS)	0	0	八面体
d^6	Fe^{2+}(HS)	−4Dq−1/3σ	−4Dq−2/3σ	压缩八四面体
	Co^{3+}(LS)	−24Dq	−24Dq	八面体
d^7	Co^{2+}(HS)	−8Dq−2/3σ	−8Dq−1/3σ	拉伸八面体
	Ni^{3+}(LS)	6Dq−1/2α	6Dq−1/2α	变形八面体
d^8	Ni^{2+}(HS)	−12Dq	−12Dq	八面体
d^9	Cu^{2+}	6Dq−1/2α	6Dq−1/2α	变形八面体
d^{10}	Zn^{2+}, Ga^{3+}, Ge^{4+}	0	0	八面体

注：HS 表示高自旋态；LS 表示低自旋态。

八面体场还可以形成其他的畸变场，其中沿着四方轴拉伸形成四方畸变场，沿着三方轴压缩形成三方畸变场以及无高次对称轴的单斜畸变场。图 5-4 给出了不同八面体场畸变场下的 d 轨道分裂形式。根据图 5-4 可以获得不同八面体畸变场的 d 轨道分裂值，从而计算出晶体场稳定化能。

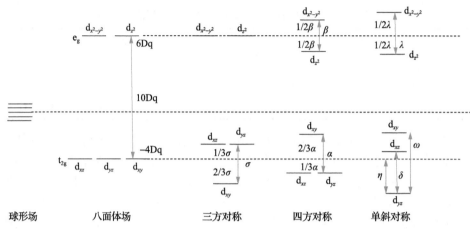

图 5-4 八面体场畸变对 d 轨道能级分裂的影响

表 5-8 列出了过渡金属离子在这些畸变场中的晶体场稳定化能。从表中可以看出，八面体畸变对 d^3、d^5、d^6(LS)、d^8 构型的过渡金属离子的晶体场稳定化能没有影响，即 V^{2+}、Cr^{3+}、Mn^{2+}、Fe^{2+}(LS)、Ni^{2+} 在单斜场、三方场和四方场中的稳定性与八面体场相同。其他的离子则在八面体畸变场中的晶体场稳定化能比正八面体更负一些，说明这些离子更容易在畸变的八面体场中存在。

表 5-8 不同八面体畸变对称场的晶体场稳定化能（Dq）

d 电子排布	离子	八面体对称	三方对称	四方对称	单斜对称
0	Ca^{2+}, Ti^{4+}, Sc^{3+}	0	0	0	0
d^1	Ti^{3+}	$-4Dq$	$-4Dq-2/3\sigma$	$-4Dq-1/3\alpha$	$-4Dq-\eta$
d^2	V^{3+}	$-8Dq$	$-8Dq-1/3\sigma$	$-8Dq-2/3\alpha$	$-8Dq-2\eta+\delta$
d^3	V^{2+}, Cr^{3+}	$-12Dq$	$-12Dq$	$-12Dq$	$-12Dq$
d^4	Cr^{2+}(HS)	$-6Dq$	$-6Dq$	$-6Dq-1/2\beta$	$-6Dq-1/2\lambda$
	Mn^{3+}(HS)	$-6Dq$	$-6Dq$	$-6Dq-1/2\beta$	$-6Dq-1/2\lambda$
d^5	Fe^{3+}(HS), Mn^{2+}(HS)	0	0	0	0
d^6	Fe^{2+}(HS)	$-4Dq$	$-4Dq-2/3\sigma$	$-4Dq-1/3\alpha$	$-4Dq-\eta$
	Fe^{2+}(LS)	$-24Dq$	$-24Dq$	$-24Dq$	$-24Dq$
d^7	Co^{2+}(HS)	$-8Dq$	$-8Dq-1/3\sigma$	$-8Dq-2/3\alpha$	$-8Dq-2\eta+\delta$
	Co^{2+}(LS)	$-18Dq$	$-24Dq$	$-18Dq-1/2\beta$	$-18Dq-1/2\lambda$
d^8	Ni^{2+}(HS)	$-12Dq$	$-12Dq$	$-12Dq$	$-12Dq$
	Ni^{2+}(LS)	$-12Dq$	$-12Dq$	$-12Dq$	$-12Dq$
d^9	Cu^{2+}	$-6Dq$	$-6Dq$	$-6Dq-1/2\beta$	$-6Dq-1/2\lambda$
d^{10}	Zn^{2+}, Ga^{3+}, Ge^{4+}	0	0	0	0

注：HS 表示高自旋态；LS 表示低自旋态。

5.2　晶体场稳定化能对硫铁矿氧化的影响

黄铁矿、白铁矿和磁黄铁矿是自然界中常见的硫铁矿，这三种硫铁矿的化学式相似，黄铁矿和白铁矿为 FeS_2，磁黄铁矿为 $Fe_{1-x}S$，但它们的氧化行为不同，产物也不同。一般来说，在自然界中磁黄铁矿最容易受到氧化，其次是白铁矿，黄铁矿氧化最慢。图 5-5 是黄铁矿、白铁矿和磁黄铁矿消耗氧气的结果，由图可见磁黄铁矿耗氧量最大，其次是白铁矿，最小是黄铁矿。

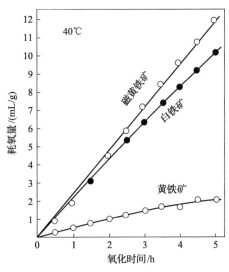

图 5-5　黄铁矿、白铁矿和磁黄铁矿的氧化时间与耗氧量关系[3]

黄铁矿、白铁矿和磁黄铁矿的晶体模型如图 5-6 所示。黄铁矿具有立方晶体结构，铁为六配位结构。白铁矿的空间对称结构为 *Pnnm*，属于斜方晶系。黄铁矿和白铁矿晶体中 Fe^{2+} 的配体都是硫二阴离子 $[S_2]^{2-}$，Fe^{2+} 都为低自旋态，因此 $[S_2]^{2-}$ 属于强场配体。单斜磁黄铁矿有两种晶体结构——单斜和三方，在此仅讨论单斜结构，其空间对称结构为 *F2/d*，分子式为 Fe_7S_8，磁黄铁矿晶体中 Fe^{2+} 的配体与黄铁矿和白铁矿不同，为 S^{2-}，每个铁与六个 S^{2-} 相邻。磁黄铁矿的铁具有磁性，为高自旋态，因此在磁黄铁矿晶体中 S^{2-} 为弱场配体。

根据上面的讨论，可以确定黄铁矿晶体中的 Fe^{2+} 处于正八面体强场中，为低自旋态；白铁矿晶体中 Fe^{2+} 处于斜方畸变强场中，为低自旋态；磁黄铁矿晶体中 Fe^{2+} 处于斜方畸变弱场中，为高自旋态。图 5-7 给出了 Fe^{2+} 在这三种硫铁矿配体场中的电子排布。

从图 5-7 可见，Fe^{2+} 的六个 d 电子在黄铁矿、白铁矿和磁黄铁矿晶体中的排布是不同的，其中黄铁矿和白铁矿晶体中 Fe^{2+} 都是低自旋态，六个 d 电子成对分布

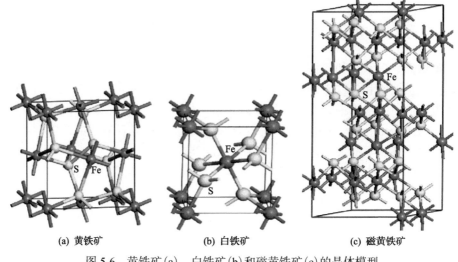

(a) 黄铁矿   (b) 白铁矿   (c) 磁黄铁矿

图 5-6 黄铁矿(a)、白铁矿(b)和磁黄铁矿(c)的晶体模型

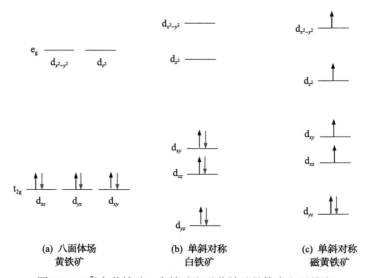

(a) 八面体场   (b) 单斜对称   (c) 单斜对称
     黄铁矿   白铁矿   磁黄铁矿

图 5-7 Fe^{2+}在黄铁矿、白铁矿和磁黄铁矿晶体中电子排布

在 d_{xz}、d_{yz} 和 d_{xy} 三个 t_{2g} 轨道上。二者的差异在于八面体场畸变后，d_{xz}、d_{yz} 和 d_{xy} 三个轨道的能级不同，但它们的晶体场稳定化能相同，都为–24Dq，因此黄铁矿和白铁矿中的二价铁都是稳定的。对于磁黄铁矿，Fe^{2+}的六个 d 电子分布在五个轨道上，其中有四个单电子，t_{2g} 轨道有一对电子，因此磁黄铁矿的自旋磁矩不为0，具有磁性。磁黄铁矿晶体中 Fe^{2+} 的晶体场稳定化能为–4Dq–η，远小于黄铁矿和白铁矿的晶体场稳定化能，稳定性最差，二价铁容易失去电子，发生氧化作用，形成三价铁。

硫铁矿的氧化可以分成两个部分：①硫配体被氧配体代替，即$[Fe^{2+}S_6]$变成$[Fe^{2+}O_6]$；②铁失去电子，即Fe^{2+}变成Fe^{3+}。第一部分是配体场的转换，会出现强场向弱场的转变，铁离子的 d 电子会重排，形成晶体场稳定化能；第二部分是铁离子从二价的d^6态变成三价的d^5态，d 电子数的变化也会改变晶体场稳定化能。那么硫铁矿的氧化是配体场先转变，还是电子先转移？在实践中已经发现，对于白铁矿，在潮湿的空气中白铁矿表面很快就会出现一些白色粒状或柱状、针状的硫酸亚铁：

$$2FeS_2(白铁矿)+7O_2+2H_2O \longrightarrow 2FeSO_4+2H_2SO_4 \tag{5-1}$$

由此可见，白铁矿氧化过程明显是一个配体场先转变过程，二价铁周围的硫配体被氧配体代替。对于黄铁矿，在降雨量多的湿热地区，黄铁矿的氧化并不经过硫酸盐化过程，而是由黄铁矿直接氧化为褐铁矿：

$$4FeS_2(黄铁矿)+14H_2O+15O_2 \longrightarrow 2Fe_2O_3 \cdot 3H_2O(褐铁矿)+8H_2SO_4 \tag{5-2}$$

由于黄铁矿不会像白铁矿那样出现硫酸盐化过程，因此黄铁矿的氧化最有可能是配体场转变和电子转移同时发生。

配体场转变后黄铁矿和白铁矿的配体都从强场变成弱场，Fe^{2+}的自旋也从低自旋态变成高自旋态。从表 5-8 也可看出，在高自旋态下，Fe^{2+}在正八面体场中的晶体场稳定化能为$-4Dq$，而在单斜畸变八面体场中 Fe^{2+}的晶体场稳定化能为$-4Dq-\eta$，很明显 Fe^{2+}在单斜畸变八面体场中比正八面体要稳定，因此白铁矿的氧化过程中会生成相对稳定的硫酸亚铁，而黄铁矿的 Fe^{2+}则直接氧化成 Fe^{3+}。根据上述讨论，我们可以给出黄铁矿、白铁矿和磁黄铁矿铁离子氧化的配位场模型，如图 5-8 所示。

晶体场稳定化能 CFSE 表征了配合物的稳定性，氧化前后 CFSE 的变化反映了配体改变对硫铁矿氧化的影响，CFSE 变得越正，表示氧化产物越不稳定，氧化就越难进行。根据图 5-8 中硫铁矿氧化的晶体场模型，可以分别计算出黄铁矿、白铁矿和磁黄铁矿三种硫铁矿氧化的晶体场势垒分别为$24Dq$、$20Dq-\eta$ 和 $4Dq+\eta$，可见黄铁矿的势垒最大，氧化最难，白铁矿势垒小于黄铁矿，容易氧化，而磁黄铁矿的势垒最小，最容易氧化。

根据上述讨论，我们很容易推出毒砂比黄铁矿更容易氧化的结论。Bindi 等最近的研究结果表明毒砂是单斜晶体[4]，根据上面的讨论可知，单斜对称场中二价铁氧化为三价铁的晶体场势垒小于八面体场，因此毒砂比黄铁矿更容易氧化。在硫化矿浮选实践中，正是利用毒砂和黄铁矿的氧化差异，通过添加氧化剂来实现砷硫分离。

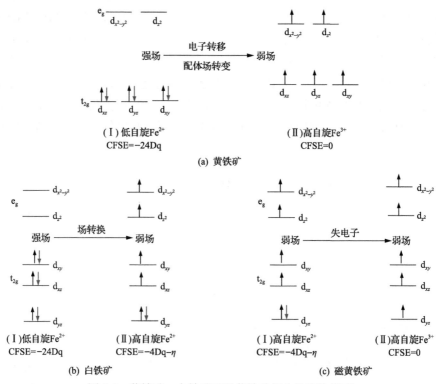

图 5-8 黄铁矿、白铁矿和磁黄铁矿氧化的配位模型

5.3 晶体场稳定化能对硫化矿抑制行为的影响

5.3.1 矿物浮选临界 pH 值

浮选实践发现每一种硫化矿物都存在浮选的临界 pH 值,当超过临界 pH 值后,硫化矿物受到抑制。表 5-9 给出了乙黄药作捕收剂条件下,几种常见硫化矿物的浮选临界 pH 值。需要说明的是浮选临界 pH 值与捕收剂的种类和浓度有关,但这些矿物的浮选临界 pH 值的顺序大体保持不变。由表 5-9 可见,黄铜矿、方铅矿和铜活化闪锌矿临界 pH 值较高,其次是黄铁矿,毒砂和磁黄铁矿的临界 pH 值较低,这一顺序也正是铜铅锌浮选高碱工艺的依据。

表 5-9 常见硫化矿物的浮选临界 pH 值(乙黄药浓度为 25mg/L)[5]

矿物	方铅矿	黄铜矿	铜活化闪锌矿	黄铁矿	毒砂
临界 pH 值	10.4(11.5)	11.8	13.3	10.5	8.4

矿物	磁黄铁矿	铜蓝	辉铜矿	斑铜矿	
临界 pH 值	6.0	13.2	14	13.8	

注:括号为湖南水口山方铅矿的结果。

矿物表面金属离子与氢氧根离子作用越强，矿物就越容易被氢氧根离子抑制，浮选临界 pH 值越低；反之，矿物表面金属离子与氢氧根离子作用越弱，浮选临界 pH 值就越高。氢氧根离子与金属离子的溶度积见表 5-10，从表中数据可见，氢氧根离子与金属离子的溶度积常数与浮选临界 pH 值关系不明显，如氢氧根离子与 Cu^{2+} 的 K_{sp} 明显小于 Pb^{2+} 和 Fe^{2+}，表明氢氧根离子与 Cu^{2+} 的作用强于 Pb^{2+} 和 Fe^{2+}，含铜矿物应该比黄铁矿和方铅矿更容易受到氢氧根离子抑制，然而实际上却是硫化铜矿物的浮选临界 pH 值比黄铁矿和方铅矿要高。另外，K_{sp} 不能解释不同矿物中的亚铁离子与氢氧根离子的作用，如黄铁矿、毒砂和磁黄铁矿，虽然它们的金属离子都是 Fe^{2+}，但是三种矿物的浮选临界 pH 值却相差甚远。

表 5-10　金属离子的氢氧化物溶度积数据

氢氧化物	$Pb(OH)_2$	$Cu(OH)_2$	$CuOH$	$Fe(OH)_2$	$Fe(OH)_3$	$Zn(OH)_2$
K_{sp}	1.2×10^{-15}	2.2×10^{-20}	2.2×10^{-14}	8.0×10^{-16}	4.0×10^{-38}	7.1×10^{-18}

数据来自 Dean J A. Lange's Handbook of Chemistry. 13th edition. 1985.

下面从配位场理论来分析氢氧根离子与矿物表面离子的作用。黄铁矿表面铁为五配位，吸附氢氧根离子后变成六配位，吸附前后配体场由四方锥变成八面体，如图 5-9 所示。

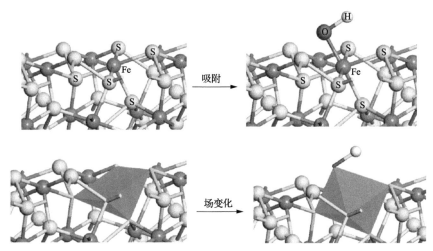

图 5-9　氢氧根离子吸附前后黄铁矿表面配位数及配体场的变化

为了讨论方便，不考虑氢氧根离子吸附对矿物表面金属离子自旋态的影响，只考虑配体场的改变对 CFSE 的影响。另外，由于方铅矿价电子没有 d 轨道，因此没有 CFSE，方铅矿的浮选临界 pH 值与 CFSE 无关，在此不讨论方铅矿与氢氧根离子作用。表 5-11 给出了黄铜矿、铜活化闪锌矿、黄铁矿、毒砂和磁黄铁矿吸附氢氧根离子后的场转变能。

表 5-11　氢氧根离子吸附对矿物表面离子配体场结构和晶体场稳定化能的影响

矿物	配体场		离子	CFSE	吸附势垒 ΔE
黄铜矿	表面	三角形	Cu^{2+}	$-5.48Dq$	$3.70Dq$
	吸附	四面体	Cu^{2+}	$-1.78Dq$	
	表面	三角形	$Fe^{2+}(HS)$	$-3.87Dq$	$1.20Dq$
	吸附	四面体	$Fe^{2+}(HS)$	$-2.67Dq$	
铜活化闪锌矿	表面	三角形	Cu^{2+}	$-5.48Dq$	$3.70Dq$
	吸附	四面体	Cu^{2+}	$-1.78Dq$	
黄铁矿	表面	四方锥	$Fe^{2+}(LS)$	$-20Dq$	$-4.0Dq$
	吸附	正八面体	$Fe^{2+}(LS)$	$-24Dq$	
毒砂	表面	四方锥	$Fe^{2+}(LS)$	$-20Dq$	$-4.0Dq$
	吸附	单斜(正)八面体	$Fe^{2+}(LS)$	$-24Dq$	
磁黄铁矿	表面	四方锥	$Fe^{2+}(HS)$	$-4.57Dq$	$-(\eta-0.57Dq)$
	吸附	单斜八面体	$Fe^{2+}(HS)$	$-4.0Dq-\eta$	

注：HS 表示高自旋态；LS 表示低自旋态。

我们知道 CFSE 值越负，配位结构越稳定。金属离子在不同场的转换需要克服 CFSE 之间的势垒 ΔE，该势垒越小，场的转换就越容易；换句话说，负的势垒意味电子重排有利于氢氧根离子在矿物表面的吸附，正的势垒则说明电子重排不利于氢氧根离子在矿物表面吸附。从表 5-11 可见，黄铜矿、铜活化闪锌矿表面吸附氢氧根离子的势垒为正值，说明氢氧根离子与黄铜矿和铜活化闪锌矿表面铜离子作用弱，临界 pH 值较高。黄铁矿、毒砂和磁黄铁矿的势垒为负值，说明氢氧根离子与硫铁矿表面容易作用，浮选临界 pH 值较低。对于毒砂和黄铁矿，同样都是 $-4.0Dq$，但是分裂能参数 Dq 值不同。黄铁矿的配体为 $[S_2]^{2-}$，毒砂的配体是 $[AsS]^{2-}$，这两个配体都有空 π 轨道，都属于强场配体，但砷的电负性小于硫，砷配体的分裂能大于硫配体，毒砂的分裂能参数 Dq 大于黄铁矿的分裂能参数 Dq，因此毒砂与氢氧根离子作用的势垒比黄铁矿更负，毒砂的浮选临界 pH 值比黄铁矿更低。

对于磁黄铁矿，η 值小于 $4Dq$，另外磁黄铁矿中的 Fe^{2+} 是高自旋态，配体场是弱场，分裂能小于强场，因此磁黄铁矿与氢氧根离子作用的势垒小于黄铁矿和毒砂的（$-4.0Dq$）。另外，磁黄铁矿容易被氢氧根离子抑制的另一个原因与 Fe^{2+} 在八面体弱场中的电子排布有关，弱场中 Fe^{2+} 的电子排布为 $(t_{2g})^4(e_g)^2$，t_{2g} 轨道上只有一对 π 电子，与黄药的反馈 π 键作用非常弱，磁黄铁矿可浮性较差，容易被氢氧根离子抑制，因此磁黄铁矿的浮选临界 pH 值最低。

如果考虑氢氧根离子作用后配体场的变化对自旋态的影响，矿物表面二价铁从低自旋态转变为高自旋态，我们可以计算出不同含铁矿物的自旋态转变的势垒，其中黄铁矿为 20Dq，毒砂为 20Dq–η，磁黄铁矿为 0。自旋态转变的势垒越小说明氢氧根离子越容易吸附，这一结果同样与浮选临界 pH 值的顺序一致。

由表 5-9 可见，包括铜活化闪锌矿在内的含铜硫化矿的浮选临界 pH 值都较高，氢氧根离子似乎与硫化铜矿表面作用较弱，表 5-11 中的晶体场转换势垒已经说明在晶体场能量上不利于氢氧根离子与矿物表面铜离子作用，在这里再从姜-泰勒效应来分析铜矿物与氢氧根离子的作用。前面第三章已经分析过，硫化铜矿物表面一般为三配位结构，表面铜离子的配体场为平面三角形场。另外闪锌矿表面是典型的三配位结构，因此铜活化后闪锌矿表面也是平面三角形场。平面三角形场 d 轨道结构和 d^9 电子排布见图 5-10。

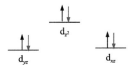

图 5-10　硫化铜矿表面的分裂场及 Cu^{2+} 的 d 电子排布

从图 5-10 可见，在平面三角形场中，铜离子的 d_{z^2} 轨道都有一对电子，因此在 z 方向具有较大的电子密度，对氢氧根离子产生较强的排斥作用，从而导致氢氧根离子与矿物表面铜离子作用较弱。根据这一结果可以预测，矿物表面铜离子越多，矿物的浮选临界 pH 值也会越高。

5.3.2　石灰对硫铁矿的抑制

1. 石灰对黄铁矿的抑制作用

一般来讲，作为矿浆 pH 调整剂，石灰比氢氧化钠使用更加普遍，而且实践中发现，同样的 pH 值下，石灰对黄铁矿的抑制效果比氢氧化钠要好许多，如图 5-11 所示。

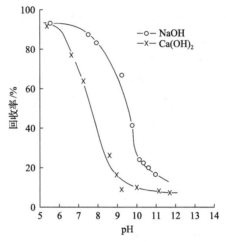

图 5-11　石灰和氢氧化钠对黄铁矿的抑制作用[6]

　　对于这一现象，国内外做了大量的研究，一般认为是钙离子的作用，一种观点认为钙离子影响黄药的吸附，然而图 5-12 结果表明钙离子不影响黄药吸附，文献[7]甚至发现钙离子有利于黄药吸附。另一种观点认为钙离子在黄铁矿表面形成了硫酸钙，增强了对黄铁矿表面的抑制作用，然而图 5-13 的结果表明硫酸根离子不影响钙离子对黄铁矿表面的抑制作用。文献[6]认为石灰的有效抑制组分是氢氧根离子，钙离子与吸附在黄铁矿表面的氢氧根离子作用，增强了黄铁矿表面的亲水性，钙离子是间接作用。

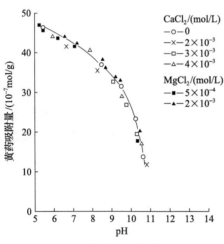

图 5-12　钙镁离子对黄铁矿表面
黄药吸附量的影响[6]
乙黄药浓度：6.5×10^{-5}mol/L

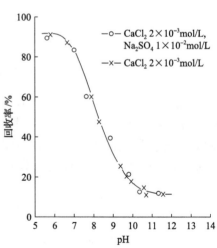

图 5-13　硫酸根离子对钙离子抑制
黄铁矿的影响[6]

在第 4 章采用密度泛函理论计算了羟基钙和氢氧根离子的分子轨道，发现羟基钙具有空 π 轨道，为强场配体，氢氧根离子没有空 π 轨道，为弱场配体。我们采用密度泛函理论计算了羟基钙和氢氧根离子在黄铁矿表面的吸附，吸附结构如图 5-14 所示。吸附后铁原子的自旋态密度结果如图 5-15 所示，由图可见氢氧根离子的吸附导致黄铁矿表面铁从低自旋变成高自旋，而羟基钙的吸附不改变铁的自旋，仍为低自旋态。这一结果也证实了羟基钙为强场配体，氢氧根离子为弱场配体。

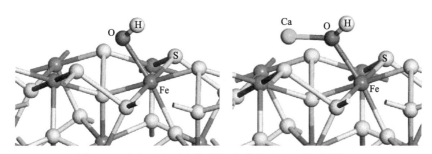

图 5-14　氢氧根离子和羟基钙在黄铁矿表面的吸附构型

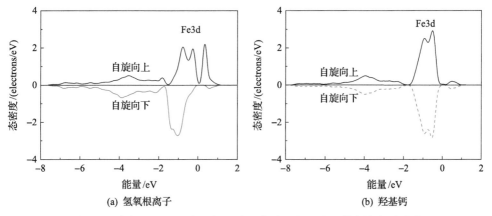

图 5-15　氢氧根离子和羟基钙吸附对黄铁矿表面的 Fe^{2+} 自旋态的影响

由于氢氧根离子在黄铁矿表面的吸附作用改变了铁的自旋态，因此 d 轨道上电子需要重新排布，如图 5-16 所示。根据图中 Fe^{2+} 的电子排布结构，可以计算出羟基钙吸附后的晶体场稳定化能为–24Dq，氢氧根离子吸附后的晶体场稳定化能为–4Dq。很明显羟基钙与黄铁矿表面作用后的晶体场稳定化能比氢氧根离子更负，羟基钙与黄铁矿表面作用比氢氧根离子更稳定。晶体场稳定化能的计算结果与实际相符合，石灰对黄铁矿的抑制作用比氢氧化钠强。

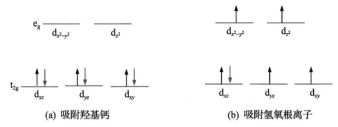

(a) 吸附羟基钙　　　　　　　　　　(b) 吸附氢氧根离子

图 5-16　黄铁矿表面吸附羟基钙和氢氧根离子后 Fe^{2+} 的 d 电子排布

2. 石灰对单斜和六方磁黄铁矿的抑制差异

磁黄铁矿有两种晶体结构：单斜和六方，其中六方磁黄铁矿容易被石灰抑制，单斜磁黄铁矿则较难抑制。在第 4 章已经讨论了磁黄铁矿中三价铁和二价铁的反馈 π 键能力与石灰抑制的关系，实际上磁黄铁矿中的铁以二价为主，因此在这里重点讨论二价铁离子在单斜和六方晶体场中的稳定化能与石灰抑制的关系。

一般认为高于 300℃ 形成富硫的六方磁黄铁矿，铁硫比偏离 1∶1，分子式为 $Fe_{0.8\sim0.9}S$；低于 300℃ 形成单斜磁黄铁矿，铁硫比更接近 1∶1，分子式为 $Fe_{0.9\sim1}S$。按照晶体中铁的含量来分析，单斜磁黄铁矿中的铁含量高于六方磁黄铁矿，在碱性介质中，单斜磁黄铁矿应该比六方磁黄铁矿更容易抑制，但是实际情况恰恰相反，六方磁黄铁矿更容易被抑制。羟基钙在单斜和六方磁黄铁矿表面的吸附过程可以看作表面铁原子从五配位变成六配位的过程，配体场从四方锥变为八面体。下面讨论配体场转变过程中 Fe^{2+} 的自旋态和晶体场稳定化能变化情况。

1) 六方磁黄铁矿

图 5-17 是六方磁黄铁矿表面吸附羟基钙前后配体场的转变及 d 电子排布情况。六方磁黄铁矿表面 Fe^{2+} 为四方锥配体场，吸附羟基钙后变成正八面体配体场，Fe^{2+} 的自旋态从高自旋变成低自旋。根据图 5-17 的 d 电子排布和对称场中的分裂能参数（表 5-5），可以计算出六方磁黄铁矿表面 Fe^{2+} 的晶体场稳定化能为 $-4.57Dq$，羟基钙吸附后 Fe^{2+} 的晶体场稳定化能为 $-24Dq$，羟基钙吸附导致的场转换势垒 ΔE 为 $-19.43Dq$，ΔE 为负值表示场转换有利于羟基钙的吸附。

2) 单斜磁黄铁矿

单斜磁黄铁矿表面 Fe^{2+} 为畸变的单斜四方锥配体场，吸附羟基钙后变成单斜畸变八面体配体场，Fe^{2+} 自旋态从高自旋变成低自旋。根据图 5-18 的电子排布和表 5-6 中的对称场数据，可以求出单斜磁黄铁矿表面 Fe^{2+} 的晶体场稳定化能为 $-4.57Dq-\sigma$（σ 为畸变的四方锥对称场贡献），羟基钙吸附后 Fe^{2+} 的晶体场稳定化能为 $-24Dq$，羟基钙吸附导致的单斜磁黄铁矿场转变势垒 ΔE 为 $-19.43Dq+\sigma$。

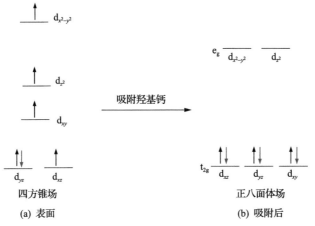

图 5-17　六方磁黄铁矿表面(a)与羟基钙吸附后(b)Fe^{2+}的 d 轨道分裂和电子排布

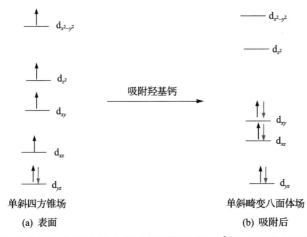

图 5-18　单斜磁黄铁矿表面(a)与羟基钙吸附后(b)Fe^{2+}的 d 轨道分裂和电子排布

比较单斜磁黄铁矿和六方磁黄铁矿与羟基钙作用的晶体场转变势垒 ΔE，可见羟基钙在六方磁黄铁矿表面吸附的晶体场转换势垒(-19.43Dq)比单斜磁黄铁矿(-19.43Dq$+\sigma$)更负，说明羟基钙在六方磁黄铁矿表面吸附比单斜更有利。

5.4　捕收剂吸附对金属离子自旋状态的影响

硫化矿捕收剂在分子结构上大部分含有磷原子和硫原子，属于软碱；捕收剂又具有空 π 轨道，满足这两个特征的捕收剂属于强场配体。强场配体不仅对金属离子的自旋具有较大的影响，还改变了晶体场稳定化能。例如常见硫化矿捕收剂丁基黄药、黑药和乙硫氮，密度泛函理论计算结果发现它们在黄铁矿表面吸附后，Fe^{2+}的自旋态基本没有变，仍然保持低自旋态；但是氢氧根离子在黄铁矿表面吸附后，Fe^{2+} 为高自旋态。表 5-12 是采用密度泛函理论计算的几种常见药剂吸附对黄铁矿表面铁自旋的影响。自旋值为 0，表示 d 轨道上没有单电子，电子都成对排布，为低自旋态；自旋值不为 0，为高自旋态，说明 d 轨道上有单电子，自旋值越大，单电子数越多。

表 5-12　几种药剂吸附对黄铁矿表面铁自旋的影响

		黄药	黑药	乙硫氮	水	氧气	氢氧根离子	羟基钙	氰根离子
自旋值/μB	吸附前	0	0	0	0	0		0	
	吸附后	0	0	0	0	1.22	1.0	0	0

从表中计算结果可见，对于氰根离子、羟基钙，黄药、黑药和乙硫氮，黄铁矿表面铁的自旋值都是 0，d 电子排布都为低自旋态，说明这些药剂都是强场配体。对于氢氧根离子和氧分子，黄铁矿表面铁的自旋值不为 0，d 电子排布为高自旋态，表明氢氧根离子和氧分子为弱场配体。水分子则比较特殊，虽然是典型的弱场配体，但黄铁矿表面铁原子的自旋值仍为 0，表面铁为低自旋态。这可能是因为硫化矿表面疏水性较强，水分子与黄铁矿表面作用比较弱，对铁的自旋影响比较小。

从化学作用来看，黄药与 Fe^{2+} 的 K_{sp} 为 8.0×10^{-8}，氢氧根离子与 Fe^{2+} 的 K_{sp} 为 8.0×10^{-16}，在碱性介质中黄药应该很难吸附在黄铁矿表面，但实际上黄药在碱性条件下仍然可以与黄铁矿表面发生较强作用。从 d 轨道自旋态来看，氢氧根离子与黄铁矿表面的铁作用，铁的自旋态从低自旋变成高自旋，需要克服较高的晶体场转换势垒（-20Dq），而黄药在黄铁矿吸附，铁的自旋态不需要改变，晶体场转换势垒为 0。因此黄药比氢氧根离子更容易吸附在黄铁矿表面。

在浮选实践中，发现捕收剂和抑制剂的添加顺序对矿物的浮选行为有较大的影响。先加抑制剂对脉石矿物进行抑制，再加捕收剂对目的矿物进行捕收，这种情况下矿物的分离相对容易；反过来，如果先加捕收剂，再加抑制剂，就会导致矿物的抑制比前一种情况要困难得多。这一现象用竞争吸附理论难以解释，因为竞争吸附只取决于吸附作用强弱，吸附作用强的药剂必然会取代吸附作用弱的药剂，与添加顺序无关。当然也可以用吸附势垒来解释药剂添加顺序的影响，即要解吸已经吸附的药剂需要势垒，但无法说明产生势垒的原因。图 5-19 是石灰和黄药添加顺序对黄铁矿浮选回收率的影响。对比图 5-19 曲线 1 和 2，可见先加石灰，后加黄药，黄铁矿更容易受到抑制。石灰对黄铁矿的有效抑制组分为氢氧根离子和羟基钙，下面分别讨论氢氧根离子和羟基钙的影响。

根据表 5-12，黄药为强场配体，氢氧根离子为弱场配体，图 5-20 给出了黄药和氢氧根离子吸附后黄铁矿表面二价铁离子的 d 电子排布。从图 5-20（a）可见，黄药吸附后，黄铁矿表面二价铁为低自旋态，晶体场稳定化能为-24Dq；而氢氧根离子吸附后二价铁为高自旋态[见图 5-20（b）]，晶体场稳定化能为-4Dq。因此氢

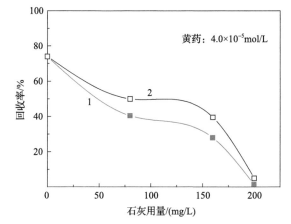

图 5-19　石灰添加顺序对黄铁矿浮选回收率的影响

1. 先加石灰，后加黄药；2. 先加黄药，后加石灰

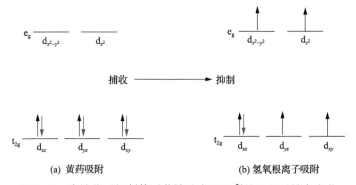

(a) 黄药吸附　　　　　　　　　　(b) 氢氧根离子吸附

图 5-20　先捕收后抑制体系黄铁矿表面 Fe^{2+} 的 d 电子排布变化

氧根离子取代黄铁矿表面黄药需要克服+20Dq 晶体场势垒，黄铁矿表面吸附的黄药难以被氢氧根离子取代。另外，石灰的另一组分羟基钙是强场配体，不改变黄铁矿表面铁的自旋态；但黄药和羟基钙的空 π 轨道位置不同，羟基钙配体场弱于黄药，因此黄药在黄铁矿表面吸附比羟基钙稳定。从以上讨论可知，先加黄药，再加石灰，黄铁矿抑制难度增大，如图 5-19 曲线 2 所示。

为了讨论方便，可以把黄铁矿表面铁原子看作是吸附水分子后的配位结构，即六配位结构，事实上浮选也是在水环境中进行的，因此黄铁矿表面铁的配体场为八面体场。表 5-12 结果表明水分子没有改变黄铁矿表面铁的自旋态，所以不影响讨论结果。图 5-21 给出了水环境下黄铁矿表面铁的自旋态和吸附氢氧根离子后铁的自旋态。从图可见，氢氧根离子吸附后黄铁矿表面 Fe^{2+} 的自旋态从低自旋变为高自旋。黄药和黄铁矿表面的作用以反馈 π 键为主，t_{2g} 轨道上电子对越多，反馈 π 键作用越强。氢氧根离子吸附后，黄铁矿八面体场中的 π 电子对从 3 对减少为 1 对，黄药与黄铁矿的反馈 π 键作用变弱。另外，羟基钙是强场配体，不影响

黄铁矿的反馈 π 键能力，但是减少了黄铁矿表面吸附位。因此石灰作用后，不利于黄药在黄铁矿表面的吸附，黄铁矿更容易抑制，如图 5-19 曲线 1 所示。

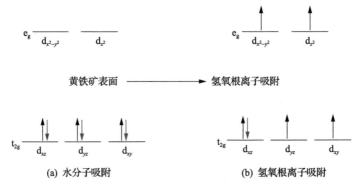

图 5-21　氢氧根离子吸附对黄铁矿八面体场中铁自旋态的改变

同样的道理，在电化学浮选中，矿浆电位调节和捕收剂的添加顺序同样也会影响矿物的可浮性。如果先加氧化剂调矿浆电位，矿物表面金属离子的自旋态会发生改变，甚至价态也会变化，d 轨道上 π 电子数会发生变化，从而影响黄药与矿物表面的反馈 π 键作用。

5.5　晶体场稳定化能对金属离子氧化的影响

5.5.1　晶体场稳定化能对金属离子稳定性的影响

在酸性溶液中，Fe^{2+}、Co^{2+} 和 Ni^{2+} 相对稳定，空气中的氧容易把酸性溶液中的 Fe^{2+} 氧化成 Fe^{3+}，但难以把 Co^{2+} 和 Ni^{2+} 氧化为 Co^{3+} 和 Ni^{3+}。在碱性介质中，Fe^{2+}、Co^{2+} 和 Ni^{2+} 氧化为三价态比在酸性介质中容易，$Fe(OH)_2$、$Co(OH)_2$、$Ni(OH)_2$ 的还原性依次降低。

水分子和氢氧根离子都是弱场配体，水溶液中铁、钴、镍都是高自旋态。水溶液中金属离子的配位数一般为 6，因此 Fe^{2+}、Co^{2+} 和 Ni^{2+} 在八面体场中的 d 电子高自旋态排布分别为 $(t_{2g})^4(e_g)^2$、$(t_{2g})^5(e_g)^2$、$(t_{2g})^6(e_g)^2$，相应的晶体场稳定化能分别为 –4Dq、–8Dq、–12Dq。从晶体场稳定化能数值可见，Ni^{2+} 的水合物稳定性最强，其次是 Co^{2+}，Fe^{2+} 稳定性最低。

按照配体的光谱序列，氢氧根离子是比水分子还弱的配体，因此水分子的分裂能参数 Dq 值大于氢氧根离子。在酸性条件下，金属离子的配体为水分子，由于分裂能参数较大，水合二价钴、镍配合物的晶体场稳定化能也较大，因此酸性条件下二价钴、镍稳定性较强，难以氧化成三价钴、镍。对于二价铁，由于晶体场稳定化能本身就比较小，只有 –4Dq，再加上二价铁的 d^6 构型变为三价铁的 d^5

构型后，更加稳定，所以二价铁容易氧化成三价铁。在碱性条件下，配体为氢氧根离子，分裂能参数 Dq 较小，二价铁、钴、镍的晶体场稳定化能减小，容易氧化为三价。另外，由于 $Fe(OH)_2$、$Co(OH)_2$、$Ni(OH)_2$ 的晶体场稳定化能是依次增加的，即稳定性依次增强，失电子能力也依次减弱，故 $Fe(OH)_2$、$Co(OH)_2$、$Ni(OH)_2$ 的还原性依次减弱。

5.5.2　氰化物对黄铁矿氧化的影响

图 5-22 是 KCN 对黄铁矿阳极极化的影响，从图可以看出，氰化物对黄铁矿表面的氧化行为有明显影响。有氰化物存在条件下，黄铁矿开始氧化的阳极电位明显负移，说明氰化物的存在促进了黄铁矿氧化。

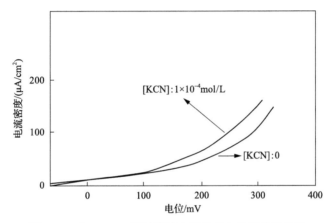

图 5-22　在 pH=9.2 缓冲溶液中黄铁矿电极的伏安曲线

氰化物在黄铁矿表面可能以两种形式存在，一是氰根离子和黄铁矿表面 Fe^{2+} 结合，以吸附态形式存在；二是形成亚铁氰化物$[Fe(CN)_6]^{4+}$，不管以哪种形式存在，Fe^{2+} 都是处于八面体强场中。八面体强场下 Fe^{2+} 变成 Fe^{3+} 的 d 电子排布如图 5-23 所示。

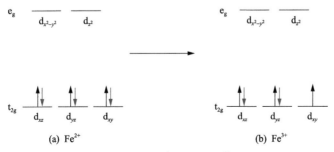

图 5-23　八面体强场中 Fe^{2+} 转变成 Fe^{3+} 的 d 电子排布

光谱测定结果表明，$[Fe(CN)_6]^{4-}$分裂能为 392.2kJ/mol，对应的分裂能参数 Dq 为 39.2kJ/mol；三价铁离子分裂能增加 40%～60%，取 588kJ/mol，$[Fe(CN)_6]^{3-}$ 的分裂能参数 Dq 为 58.8kJ/mol。Fe^{2+}、Fe^{3+}的电子成对能分别为 229.1kJ/mol 和 357.4kJ/mol，在配体场中降低 15%，黄铁矿晶体中 Fe^{2+}、Fe^{3+} 的电子成对能分别为 194.7kJ/mol 和 303.8kJ/mol。d^6轨道分裂前有 1 对电子，d^5轨道分裂前电子对数为 0。$[Fe(CN)_6]^{4-}$和$[Fe(CN)_6]^{3-}$的晶体场稳定化能分别为

$$[Fe(CN)_6]^{4-}: CFSE = 6 \times (-4Dq) + 2P = -551.4 \, (kJ/mol)$$

$$[Fe(CN)_6]^{3-}: CFSE = 5 \times (-4Dq) + 2P = -568.4 \, (kJ/mol)$$

从计算结果可见，八面体强场下三价铁的晶体场稳定化能比二价铁更负，因此高价铁氰化物比低价铁稳定。从电极电位的数据来看，Fe^{3+}/Fe^{2+}的标准电极电位为 0.771V，与氰根离子配位后，$[Fe(CN)_6]^{3-}/[Fe(CN)_6]^{4-}$的标准电极电位下降到 0.358V，三价铁稳定性增强，与晶体场稳定化能计算结果一致。因此氰化物在黄铁矿表面的吸附促进了黄铁矿表面铁的氧化，黄铁矿表面铁离子的 π 电子对数从 3 对变为 2 对，减弱了黄药的吸附，黄铁矿更容易被抑制。

5.5.3 pH 值对黄铁矿表面氧化的影响

不同 pH 值条件下，黄铁矿电极的循环伏安曲线见图 5-24。由图可见，随着 pH 值的增大，黄铁矿的氧化起始电位减小，说明 pH 值越大，黄铁矿越容易氧化。

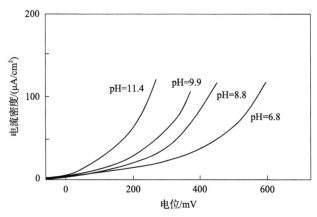

图 5-24　不同 pH 条件下黄铁矿电极的循环伏安曲线

密度泛函理论计算结果表明，氢氧根离子在黄铁矿表面的吸附会导致表面铁原子产生自旋极化，见表 5-12。我们知道，黄铁矿体相和表面的铁都是低自旋态，即自旋值为 0，配体场为强场，具有较大的分裂能 Δ，电子成对能 P 小于分裂能 Δ，d 轨道上电子对为稳定状态：

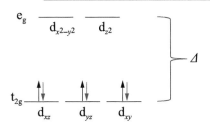

当黄铁矿表面吸附氢氧根离子后，铁的自旋值不为 0，说明 d 轨道有单电子，黄铁矿表面铁的自旋态从低自旋变为高自旋，分裂能 Δ' 小于电子成对能 P。二价铁离子 d 轨道高自旋排布如下所示：

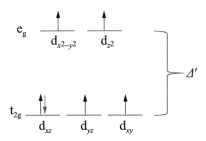

高自旋态的二价铁离子 t_{2g} 轨道上还有一对电子，但是由于 $P > \Delta'$，d 轨道上电子排斥能大于分裂能，t_{2g} 轨道上的电子对不稳定，容易变成单电子。因此氢氧根离子吸附后，黄铁矿表面 d^6 构型不稳定，容易变成 d^5 半满稳定构型，即二价铁容易氧化成三价铁。不同配体作用下的分裂能可以用各自分裂能的算术平均值来表示，随着 pH 值升高，氢氧根离子弱场的贡献增大，分裂能 Δ' 变小，电子成对的排斥作用越来越显著，促进了 d^6 构型（Fe^{2+}）向 d^5 构型（Fe^{3+}）转变。

参 考 文 献

[1] 康衡. 计算 d 轨道在配位场中的相对能量[J]. 湖南师范大学自然科学学报, 1981, (1): 42-57.

[2] Chen J H, Long X H, Chen Y. Comparison of multilayer water adsorption on the hydrophobic galena (PbS) and hydrophilic pyrite (FeS₂) surfaces: a DFT study[J]. The Journal of Physical Chemistry C, 2014, 118: 11657-11665.

[3] Harada T. Effects of oxidation of pyrrhotite, pyrite and marcasite on their flotation properties: fundamental studies on flotation of iron sulphide minerals (2nd Report). J. Metallurgical Institute of Japan. 1964, 80, 669-674.

[4] Bindi L, Moelo Y, Leone P, et al. Stoichiometric arsenopyrite, FeAsS, from La Roche-Balue Quarry, Loire-Atlantique, France: crystal structure and Mössbauer study[J]. The Canadian Mineralogist, 2012, 50: 471-479.

[5] Wark I W, Cox A B. Principles of flotation. I. An experimental study of the effect of xanthates on contact angles at mineral surfaces[J]. Transactions of the American Institute of Mining and Metallurgical Engineers, 1945, 112: 189-244.

[6] Tsai M S, Matsuoka I, Shimoiizaka J. The role of lime in xanthate flotation of pyrite[J]. Journal of the Mining and Metallurgical Institute of Japan, 1987, 1006 (71-12): 1053-1057.

[7] 王竹生, 冯慧华, 于兴涌. 黄铁矿浮选机理的研究[J]. 化工矿物与加工, 1983, 3: 31-35.

药剂分子与矿物表面轨道的对称性匹配作用

第 6 章

6.1 分子轨道

6.1.1 原子轨道

薛定谔方程中波函数$|\psi|^2$表示电子在核外空间某处出现的概率密度,而电子云则与核外空间某处电子出现的概率有关,即与概率密度有关。核外电子有各自的运动状态,每种运动状态都有相应的波函数 ψ_{1s}、ψ_{2s}、ψ_{2p} 等和概率密度$|\psi_{1s}|^2$、$|\psi_{2s}|^2$、$|\psi_{2p}|^2$ 等,这些波函数和概率密度各不相同,所以不同状态下的电子都有其各自的电子云分布,分别用符号 s、p、d、f 表示。图 6-1 给出钠原子的轨道图。由图可见 s 电子云呈球形,钠的 1s 轨道由于靠近原子核,1s 电子云被原子核束缚较强,因此 1s 电子云伸展性较差;2s 轨道和 3s 轨道离核较远,电子云具有较强的伸展性;对于钠的 2p 轨道,电子云呈哑铃形,沿 p_x、p_y 和 p_z 三个方向分布,形成三个简并态的 p 电子云。

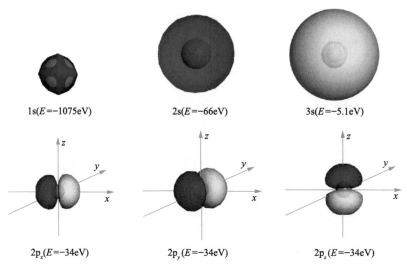

图 6-1 钠原子($1s^2 2s^2 2p^6 3s^1$)轨道的电子云形状

对于 d 轨道和 f 轨道,电子云分布相对复杂,与其空间方向有关。图 6-2 是 d

轨道在五个方向的形状,除了 d_{z^2} 外其他四个轨道都为花瓣状,在孤立原子体系中,这五个轨道能级是简并态,在其他原子的作用下,d 轨道五个方向的能级会发生分裂,具体分裂情况取决于周围作用原子的构型和性质。

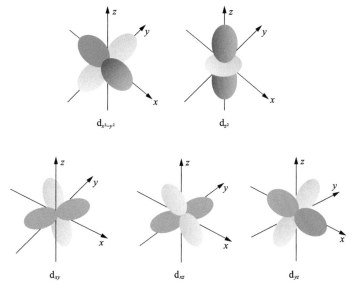

图 6-2　d 轨道不同伸展方向的电子云形状

6.1.2　轨道的反应活性

在原子核周围,电子填充到轨道上,空轨道可以接受电子。换句话讲,电子可看作碱,空轨道可看作酸,酸和碱可以相互作用,这就是广义的路易斯酸碱理论。轨道和电子的作用强弱可以用轨道结合能来表征,表 6-1 列出了几种常见元素的轨道电子结合能。轨道结合能越负,表示电子与轨道作用越强,电子越稳定,电子的反应活性也就较差。从表 6-1 中的数据可见,除了氢、氦、锂三个元素的 1s 结合能比较小外,其他元素的 1s 结合能都比较大。对于内层轨道,由于离原子核的距离较近,内层轨道电子结合能更负;另外原子序数越大,内层轨道电子结合能数值越大。这主要是由于原子序数增大后,核的正电性增大,对电子的束缚作用越强。对于外层轨道,由于离原子核的距离相对较远,原子核的作用弱一些,电子与外层轨道的结合能数值也相对较小。由表中数据可见,外层原子轨道的电子结合能大约为几电子伏特到十几电子伏特,相当于 300~1000kJ/mol 能量范围,与大多数化学反应的能量相当。因此,在一般的化学反应中只需要考虑外层价电子轨道,内层轨道一般不考虑。

表 6-1 原子轨道电子结合能（eV）

原子	1s	2s	2p	3s	3p	3d	4s
H	−13.6						
He	−24.6						
Li	−58	−5.4					
B	−192	−12.9	−8.3				
C	−288	−16.6	−11.3				
N	−403	−20.3	−14.5				
O	−538	−28.5	−13.6				
F	−694	−37.9	−17.4				
Na	−1075	−66	−34	−5.1			
K	−3610	−381	−298	−37	−19	−17	−4.3
Sc	−4494	−503	−406	−55	−33	−8	−6.5

表 6-2 给出了 1～83 号原子的外层价电子轨道能级，从表中可以发现具有 3d 结构的过渡金属除了 Cr 的 3d 轨道，其他的过渡金属的轨道能级都相近。铟(In) 的外层轨道能级为 $5s^2(-10.00)5p^1(-5.79)$，与锌(Zn)的外层轨道能级 $4s^2(-9.39)$ $4p^0(-5.39)$ 非常接近，自然界中的铟也绝大部分赋存在闪锌矿中。银的外层轨道能级为 $4d^{10}(-10.0)5s^1(-7.58)$，与铅 $6s^2(-10.0)6p^2(-7.42)$ 的外层轨道能级接近，二者轨道能量相近，自然界中的银也大部分与方铅矿共生，在银冶金中铅可以作为银的富集载体。而金的轨道能级 $5d^{10}(-11.1)6s^1(-9.23)$ 与砷 $4s^2(-17.0)4p^3(-9.81)$ 的最外层轨道能级相近，含砷高的黄铁矿中金也容易赋存。闪锌矿容易含镉、汞杂质，这和镉 $5s^2(-8.99)5p^0(-5.26)$、汞 $6s^2(-10.0)6p^0(-5.76)$ 轨道能级与锌的轨道能级相近有关。

表 6-2 常见原子外层轨道及相应能级

序号	元素	轨道及能级/eV	序号	元素	轨道及能级/eV
1	H	$1s^1(-13.6)2s^0(-3.40)$	10	Ne	$2s^2(-48.5)2p^6(-21.6)3s^0(-5.05)$
2	He	$1s^2(-24.59)2s^0(-4.77)$	11	Na	$3s^1(-5.14)$
3	Li	$2s^1(-5.39)$	12	Mg	$3s^2(-7.65)3p^0(-4.94)$
4	Be	$2s^2(-9.32)2p^0(-6.59)$	13	Al	$3s^2(-10.6)3p^1(-5.97)$
5	B	$2s^2(-12.9)2p^1(-8.3)$	14	Si	$3s^2(-13.5)3p^2(-8.15)$
6	C	$2s^2(-16.6)2p^2(-11.3)$	15	P	$3s^2(-16.2)3p^3(-10.5)$
7	N	$2s^2(-20.3)2p^3(-14.5)$	16	S	$3s^2(-20.2)3p^4(-10.4)$
8	O	$2s^2(-28.5)2p^4(-13.6)$	17	Cl	$3s^2(-24.5)3p^5(-13.0)$
9	F	$2s^2(-37.8)2p^5(-17.4)$	18	Ar	$3s^2(-29.2)3p^6(-15.8)4s^0(-4.39)$

序号	元素	轨道及能级/eV	序号	元素	轨道及能级/eV
19	K	$4s^1(-4.34)$	52	Te	$5s^2(-17.8)\,5p^4(-9.01)$
20	Ca	$4s^2(-6.11)\,4p^0(-4.23)$	53	I	$5s^2(-20.6)\,5p^5(-10.5)$
21	Sc	$3d^1(-8.0)\,4s^2(-6.54)$	54	Xe	$5s^2(-23.4)\,5p^6(-12.1)\,6s^0(-3.81)$
22	Ti	$3d^2(-8.0)\,4s^2(-6.82)$	55	Cs	$6s^1(-3.89)$
23	V	$3d^3(-8.0)\,4s^2(-6.74)$	56	Ba	$5d^0(-4.09)\,6s^2(-5.21)$
24	Cr	$3d^5(-5.25)\,4s^1(-6.77)$	57	La	$5d^1(-5.75)\,6s^2(-5.58)$
25	Mn	$3d^5(-9.0)\,4s^2(-7.43)$	58	Ce	$4f^1(-6)\,5d^1(-6)\,6s^2(-5.47)$
26	Fe	$3d^6(-9.0)\,4s^2(-7.87)$	59	Pr	$4f^3(-6)\,5d^0(-6)\,6s^2(-5.42)$
27	Co	$3d^7(-9.0)\,4s^2(-7.87)$	60	Nd	$4f^4(-6)\,5d^0(-6)\,6s^2(-5.49)$
28	Ni	$3d^8(-10.0)\,4s^2(-7.64)$	61	Pm	$4f^5(-6)\,5d^0(-6)\,6s^2(-5.55)$
29	Cu	$3d^{10}(-10.4)\,4s^1(-7.73)$	62	Sm	$4f^6(-6)\,5d^0(-6)\,6s^2(-5.63)$
30	Zn	$4s^2(-9.39)\,4p^0(-5.39)$	63	Eu	$4f^7(-6)\,5d^0(-6)\,6s^2(-5.67)$
31	Ga	$4s^2(-11.0)\,4p^1(-6.0)$	64	Gd	$4f^7(-6)\,5d^1(-6)\,6s^2(-6.14)$
32	Ge	$4s^2(-14.3)\,4p^2(-7.9)$	65	Tb	$4f^9(-6)\,5d^0(-6)\,6s^2(-5.58)$
33	As	$4s^2(-17.0)\,4p^3(-9.81)$	66	Dy	$4f^{10}(-6)\,5d^0(-6)\,6s^2(-5.93)$
34	Se	$4s^2(-20.1)\,4p^4(-9.75)$	67	Ho	$4f^{11}(-6)\,5d^0(-6)\,6s^2(-6.02)$
35	Br	$4s^2(-23.8)\,4p^5(-11.9)$	68	Er	$4f^{12}(-6)\,5d^0(-6)\,6s^2(-6.10)$
36	Kr	$4s^2(-27.5)\,4p^6(-14.0)\,5s^0(-4.08)$	69	Tm	$4f^{13}(-7)\,5d^0(-6)\,6s^2(-6.18)$
37	Rb	$5s^1(-4.18)$	70	Yb	$4f^{14}(-7)\,5d^0(-6)\,6s^2(-6.25)$
38	Sr	$5s^2(-5.7)\,5p^0(-3.92)$	71	Lu	$4f^{14}(-12)\,5d^1(-6.6)\,6s^2(-7.0)$
39	Y	$4d^1(-6.38)\,5s^2(-6.48)$	72	Hf	$5d^2(-7.0)\,6s^2(-7.5)$
40	Zr	$4d^2(-8.61)\,5s^2(-6.84)$	73	Ta	$5d^3(-8.3)\,6s^2(-7.9)$
41	Nb	$4d^4(-7.17)\,5s^1(-6.88)$	74	W	$5d^4(-9.0)\,6s^2(-8.0)$
42	Mo	$4d^5(-8.56)\,5s^1(-7.10)$	75	Re	$5d^5(-9.6)\,6s^2(-7.9)$
43	Tc	$4d^{5-}(-8.6)\,5s^2(-7.28)$	76	Os	$5d^6(-9.6)\,6s^2(-8.5)$
44	Ru	$4d^7(-8.5)\,5s^1(-7.37)$	77	Ir	$5d^7(-9.6)\,6s^2(-9.1)$
45	Rh	$4d^8(-9.56)\,5s^1(-7.46)$	78	Pt	$5d^9(-9.6)\,6s^2(-9.0)$
46	Pd	$4d^{10}(-8.34)\,5s^0(-7.52)$	79	Au	$5d^{10}(-11.1)\,6s^1(-9.23)$
47	Ag	$4d^{10}(-10.0)\,5s^1(-7.58)$	80	Hg	$6s^2(-10.0)\,6p^0(-5.76)$
48	Cd	$5s^2(-8.99)\,5p^0(-5.26)$	81	Tl	$6s^2(-8.0)\,6p^1(-6.11)$
49	In	$5s^2(-10.0)\,5p^1(-5.79)$	82	Pb	$6s^2(-10.0)\,6p^2(-7.42)$
50	Sn	$5s^2(-12.0)\,5p^2(-7.34)$	83	Bi	$6s^2(-12.0)\,6p^3(-7.29)$
51	Sb	$5s^2(-15.0)\,5p^3(-8.64)$			

6.1.3 σ 轨道和 π 轨道

原子轨道之间的相互作用形成分子轨道：

$$\psi = c_1\phi_1 + c_2\phi_2 + \cdots + c_n\phi_n \tag{6-1}$$

式中，ψ 是分子轨道；ϕ 是原子轨道；c 是原子轨道系数。原子轨道系数的绝对值越大，说明该原子对轨道的贡献越大，负值表明原子之间为反键作用，而正值表明原子之间为成键作用。

根据原子轨道作用，可以把成键类型分为两类：σ 键和 π 键。由两个相同或不相同的原子轨道沿轨道对称轴方向，以"头碰头"的方式相互重叠而形成的共价键称为 σ 键。σ 键可以围绕对称轴旋转，而不影响键的强度以及键角。占据 σ 轨道的电子为 σ 电子。σ 键的形状如图 6-3 所示。

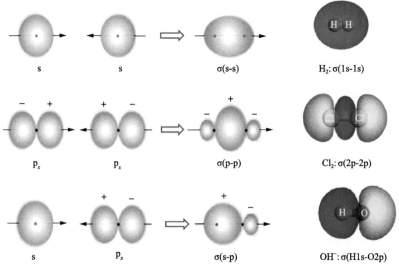

图 6-3　三种不同类型的 σ 键

两个原子轨道垂直于键轴以"肩并肩"方式重叠所形成的化学键称为 π 键。希腊字母 π 代表 p 轨道，因为 π 键的轨道对称性与 p 轨道相同。p 轨道通常参与形成 π 键，当然 d 轨道同样也能参与形成 π 键。占据 π 轨道的电子为 π 电子。π 键轨道如图 6-4 所示。

图 6-4　两个 p 轨道形成 π 键

6.2　前线轨道理论

前线轨道由福井谦一于 1952 年提出，其中心思想是在构成分子的众多轨道中，分子的性质主要是由分子中的前线轨道来决定，即由最高占据分子轨道（highest occupied molecular orbital，HOMO）和最低未占分子轨道（lowest unoccupied molecular orbital，LUMO）来决定。下面用水分子轨道来具体说明前线轨道的意义，分子轨道见图 6-5。

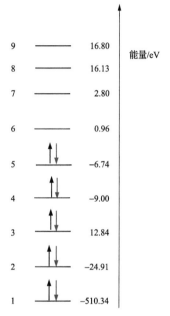

从图 6-5 中可见，1～5 轨道被电子占据，6～9 轨道是空轨道。按照化学势规则，电子的转移是从高能量轨道向低能量轨道，轨道能量越低，电子越稳定，反之轨道能量越高，电子越不稳定。因此第 5 轨道就是水分子最容易失去电子的轨道，而第 6 轨道则是水分子最容易获得电子的空轨道；水分子的化学性质（得失电子性质）主要就由第 5 轨道和第 6 轨道来决定，这就是前线轨道的核心思想。根据定义，最高占据分子轨道的电子能量最高，所受到的束缚最小，所以最活跃，也最容易发生跃迁；最低未占分子轨道在所有未占据轨道中能量最低，接受电子的可能性最大。另外，当次级轨道和前线轨道差距不大时，反应活性也比较强，这时需要考虑次级前线轨道参与作用。

图 6-5　水分子的轨道示意图

前线轨道作用主要包含四部分，如图 6-6 所示。①电子从分子 1 的最高占据分子轨道转移到分子 2 的最低未占分子轨道；②电子从分子 2 的最高占据分子轨道转移到分子 1 的最低未占分子轨道；③空轨道和空轨道的排斥作用；④电子占据轨道和电子占据轨道的排斥作用。一般来说前两项是主要作用，后两项为排斥作用，一般很少考虑。

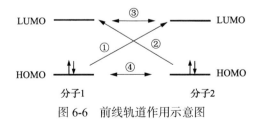

图 6-6　前线轨道作用示意图

前线轨道理论不仅适用于 π 轨道，也适用于 σ 轨道，广泛应用在有机化学、无机化学、表面吸附与催化、量子生物学等领域。如果我们把分子 1 看作配体，分子 2 看作中心离子，那么第一项作用就是配体与中心离子的 σ 键作用，第二项作用就是中心离子的 π 电子对与配体空 π 轨道的反馈键作用。为了达到原子轨道的有效重叠，参与重叠的原子轨道必须满足：

(1) 对称性原则，即参与重叠的原子轨道，对称性要匹配。

(2) 能量相近原则，即参与重叠的原子轨道的能量要相近。

(3) 轨道最大重叠原则，即参与重叠的原子轨道在可能的情况下采用波函数角度部分最大处重叠。

轨道对称性匹配实质上是要求重叠积分不等于零，能量相近和轨道最大重叠则是重叠积分最大。因此在以上三条原则中，对称性匹配是轨道作用的前提，在符合对称性匹配的条件下，在满足能量相近原则下，原子轨道重叠的程度越大，成键效应越显著，形成的化学键越稳定。对称性匹配指的是一个分子的 HOMO 和另一个分子的 LUMO 必须以正与正重叠、负与负重叠的方式进行。如图 6-7 所示，当两个轨道以图 6-7(a)方式接近时，重叠区域出现正正和正负两种情况；当两个轨道以图 6-7(b)方式接近时，重叠区域都是同号；当两个轨道以图 6-7(c)方式接近时，重叠区域全部正负重叠。根据对称性匹配同号重叠的要求，可以看出图 6-7(b)满足轨道对称性匹配，图 6-7(c)则是对称性不匹配，图 6-7(a)对称性匹配较差。在轨道图上一般用不同的颜色区别正和负，因此轨道对称性匹配要求相同颜色重叠。当两个原子轨道对称性匹配时，发生成键作用，能量下降，形成稳定的化学键。当两个原子轨道对称性不匹配时，不能成键，形成反键，能量高，形成的化学键不稳定。

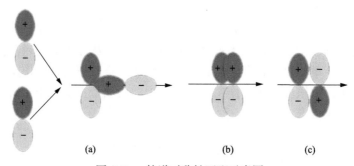

(a)　　　　　　　　　　(b)　　　　　　　(c)

图 6-7　p 轨道对称性匹配示意图

鉴于轨道对称性匹配的重要性，国内外学者对轨道对称性匹配判据进行了大量的研究。其中李国宝提出在两对称算符作用下都具有相同对称性的原子轨道是对称性匹配的[1]，具体做法是选 x 轴为双原子分子的键轴，用 $\hat{c}_2(x)$ 和 $\hat{\sigma}_{xy}$ 两个对称算符，分别作用于不同原子轨道，若两个原子轨道的对称性一致就是匹配的，否则不匹配，结果见表 6-3。根据表 6-3 就可以判断两个轨道的对称性匹配，例如

s 轨道和 p_x 轨道，这两个轨道在这两个对称算符作用下都是对称的，因此 s 轨道和 p_x 轨道对称性匹配。对于 s 轨道和 p_y 轨道，s 轨道在两个对称算符作用下是对称的，而 p_y 轨道是反对称和对称的，它们的对称性不一致，因此 s 轨道和 p_y 轨道对称性不匹配。但是需要注意的是，该方法与选取的对称轴有关，不同的对称轴，轨道性质和对称性也会发生变化。

表 6-3　对称算符 $\hat{c}_2(x)$ 和 $\hat{\sigma}_{xy}$ 作用原子轨道后的对称性变化

对称算符	σ 轨道				π 轨道				σ 轨道	
	s	p_x	$d_{x^2-y^2}$	d_{z^2}	p_y	d_{xy}	p_z	d_{xz}	f_{xyz}	d_{yz}
$\hat{c}_2(x)$	对称	对称	对称	对称	反对称	反对称	反对称	反对称	对称	对称
$\hat{\sigma}_{xy}$	对称	对称	对称	对称	对称	对称	反对称	反对称	反对称	反对称

从配位作用来讲，s、p_x 轨道与 $d_{x^2-y^2}$、d_{z^2} 轨道对称性匹配，相当于配体的 s、p 占据态轨道与中心离子的 e_g 空轨道匹配，形成 σ 键。p_y 轨道和 d_{xy} 轨道对称性匹配，以及 p_z 轨道和 d_{xz} 轨道对称性匹配，相当于配体的空 π 轨道 p 与中心离子的 π 电子占据态轨道 t_{2g} 匹配，形成反馈 π 键。因此从以上分析来看，轨道对称性匹配与配位场理论大致吻合，也可以用来说明配位作用。

另外，表 6-3 也有不合理的地方，如 d_{yz} 轨道的匹配问题，在八面体场下 d_{yz} 轨道是 π 轨道，而不是 σ 轨道，d_{yz} 轨道和 p_y 轨道、p_z 轨道可以对称性匹配。另外，表 6-3 没有考虑不同配位场下的 σ 轨道和 π 轨道的变换，如 $d_{x^2-y^2}$ 轨道和 d_{z^2} 轨道在八面体场下为 σ 轨道，但是在四面体场下则为 π 轨道，这时 $d_{x^2-y^2}$ 轨道和 d_{z^2} 轨道的对称性也会发生变化。

6.3　轨道对称性匹配与黑药的选择性

在铅锌矿浮选中，黑药是最常用的选择性捕收剂。图 6-8 是丁基黄药和丁铵黑药浮选方铅矿和黄铁矿的回收率。从图可见丁基黄药对方铅矿和黄铁矿都有比较强的捕收作用，选择性差；而丁铵黑药对黄铁矿捕收能力弱，对方铅矿捕收能力强，表现出很好的选择性。

图 6-9 是丁基黄药和丁铵黑药的 HOMO 轨道。从图可见，丁基黄药和丁铵黑药的 HOMO 轨道完全相同，都是硫原子的 p_y 或 p_z 轨道，丁基黄药和丁铵黑药在 HOMO 轨道上有孤对电子，能够和矿物表面金属离子空轨道形成配位 σ 键。由于丁基黄药和丁铵黑药的 HOMO 轨道一样，与矿物作用时对称性相同，不会出现匹配性差异；丁基黄药和丁铵黑药都属于软碱，硫化矿的金属离子属于软酸，二者之间的作用以共价为主，σ 键作用非常弱，因此可以不考虑 σ 键的影响。

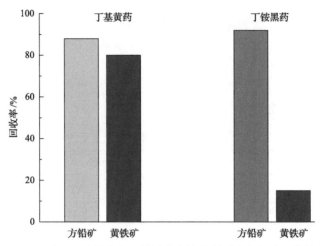

图 6-8 在 pH=8.0 时，丁基黄药和丁铵黑药为捕收剂浮选方铅矿和黄铁矿的回收率

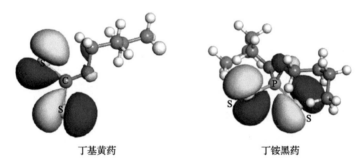

丁基黄药　　　　　丁铵黑药

图 6-9 丁基黄药和丁铵黑药的最高占据分子轨道

从图 6-10 可见，丁铵黑药和丁基黄药的最低未占分子轨道则完全不同，丁基黄药的 LUMO 轨道具有"肩并肩"特征，是 π 轨道，而丁铵黑药的 LUMO 轨道则为"头碰头"，很明显不是 π 轨道，是 σ 轨道。

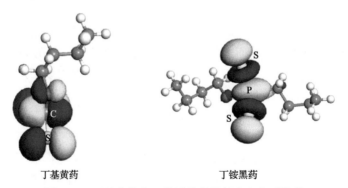

丁基黄药　　　　　丁铵黑药

图 6-10 丁基黄药和丁铵黑药的最低未占分子轨道

图 6-11 是黄铁矿表面铁原子的电子最高占据态和最低非占据态的轨道形状，

从轨道形状上可以确定黄铁矿表面的 HOMO 轨道和 LUMO 轨道都是铁原子 3d 轨道，其中黄铁矿表面的 HOMO 轨道对应 t_{2g} 轨道，LUMO 轨道对应 e_g 轨道。黄铁矿是低自旋态，t_{2g} 轨道有三对 π 电子，黄铁矿表面具有很强的提供 π 电子能力。因此，黄铁矿表面 t_{2g} 轨道能否与捕收剂分子的空 π 轨道作用形成反馈 π 键，决定了丁基黄药和丁铵黑药与黄铁矿作用的强弱。

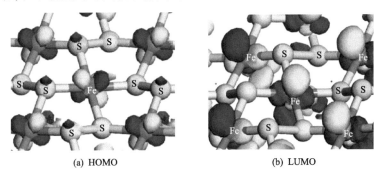

(a) HOMO　　　　　　　　(b) LUMO

图 6-11　黄铁矿表面最高占据分子轨道和最低未占分子轨道

从图 6-12 可见，丁铵黑药的 LUMO 轨道与黄铁矿表面的轨道 HOMO 无法做到有效重叠，对称性不匹配，因此丁铵黑药不能和黄铁矿表面形成反馈 π 键。丁铵黑药与黄铁矿表面作用仅有较弱的正向 σ 键作用，丁铵黑药对黄铁矿的捕收能力弱。丁基黄药则与丁铵黑药不同，丁基黄药的 LUMO 轨道与黄铁矿表面的 HOMO 轨道能够完全匹配，丁基黄药和黄铁矿表面可以形成反馈 π 键，丁基黄药对黄铁矿具有较强的捕收作用。

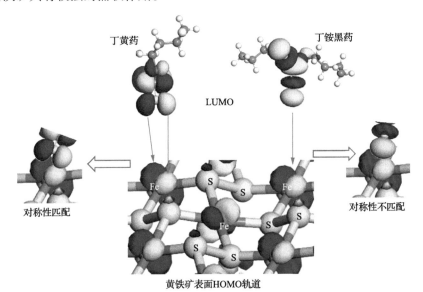

图 6-12　丁铵黑药和丁基黄药的 LUMO 轨道与黄铁矿表面 HOMO 轨道的对称性匹配示意图

表 6-4 是丁基黄药和丁铵黑药在黄铁矿表面的吸附热，负号表示放热。由表可见丁铵黑药在黄铁矿表面的吸附热只有 6.042J/g，而丁基黄药的吸附热则达到 13.044J/g，是丁铵黑药的 2.16 倍，可见丁铵黑药与黄铁矿的作用比丁黄药弱得多。

表 6-4　丁基黄药和丁铵黑药在黄铁矿表面的吸附热（J/g）

丁基黄药	丁铵黑药
−13.044	−6.042

图 6-13 是方铅矿表面的 LUMO 轨道和 HOMO 轨道。由于方铅矿中铅离子的价电子层结构是 $6s^2 6p^0$，没有 d 轨道，因此方铅矿表面的 HOMO 轨道以 s、p 轨道为主。从图 6-13 可见，方铅矿表面 LUMO 轨道主要是由铅的 6p 轨道和少量硫的 3p 轨道组成，HOMO 轨道主要是由铅的 6s 轨道和硫的 3p 轨道组成。这两种轨道在八面体场中属于 σ 轨道，因此方铅矿表面没有 π 轨道，也就没有 π 电子，不能和捕收剂形成反馈 π 键。方铅矿与捕收剂分子之间的作用主要依靠轨道之间的作用，因此轨道的匹配性就显得特别重要。与前面的讨论相同，由于丁基黄药和丁铵黑药的 HOMO 轨道完全相同，不存在对称性差异，因此只需要讨论丁基黄药和丁铵黑药 LUMO 轨道与方铅矿表面 HOMO 轨道的对称匹配。

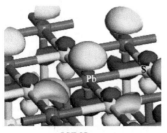

LUMO　　　　　　　　　　　HOMO

图 6-13　方铅矿表面的 LUMO 轨道和 HOMO 轨道

从图 6-14 可见，丁基黄药的 LUMO 轨道是 p_y，方铅矿表面 HOMO 在铅原子的 6s 轨道上；从表 6-3 可知 s 轨道和 p_y 轨道的对称性是不匹配的，因此丁基黄药的 LUMO 轨道与方铅矿表面铅原子的 HOMO 轨道对称性不匹配。对于丁铵黑药分子，LUMO 轨道为 p_x 轨道，根据表 6-3 可知 s 轨道与 p_x 轨道对称性匹配，因此丁铵黑药的 LUMO 轨道与方铅矿表面铅原子的 HOMO 轨道对称性匹配。

根据以上讨论结果可知，丁基黄药和丁铵黑药与方铅矿作用的差异在于丁铵黑药的 LUMO 轨道与方铅矿表面 HOMO 轨道对称性匹配，可以产生有效成键作用，而丁基黄药的 LUMO 轨道与方铅矿表面 HOMO 轨道对称性不匹配，不能作用。因此丁铵黑药与方铅矿的作用比丁基黄药强，吸附热结果也证实了这一差异。从表 6-5 可见丁铵黑药在方铅矿表面吸附热达到 49.319J/g，丁基黄药在方铅矿表面吸附热只有 18.003J/g。

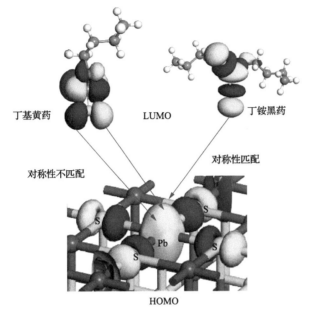

图 6-14　丁基黄药和丁铵黑药的 LUMO 轨道与方铅矿表面 HOMO 轨道的对称匹配示意图

表 6-5　丁基黄药和丁铵黑药在方铅矿表面吸附的微量热（J/g）

丁基黄药	丁铵黑药
−18.003	−49.319

6.4　氰化物与黄铁矿和方铅矿的轨道对称性匹配

　　氰化物在铅锌矿浮选中具有较好的选择性，能够抑制黄铁矿，不抑制方铅矿。在前面已经讨论过氰化物与矿物的反馈 π 键作用，在这里讨论氰化物的前线轨道与矿物表面轨道的对称性匹配问题。

　　图 6-15 是氰根离子的 HOMO 轨道与方铅矿和黄铁矿表面的 LUMO 轨道的对称性匹配。从第 5 章的讨论可知，氰根离子的 HOMO 轨道是由碳的 $2p_x$ 和氮的 $2p_x$ 构成的反键轨道，方铅矿表面铅原子上 LUMO 轨道是 $6p_z$ 轨道。由表 6-3 中的对称性变换结果可知，p_x 轨道和 p_z 轨道对称性变换不一致，对称性不匹配；从图上也可以看出方铅矿表面铅原子上的轨道和氰根离子轨道无法做到同号有效重叠（相同颜色重叠），对称性不匹配。

　　黄铁矿表面的 LUMO 轨道为铁的 e_g 轨道（d_{z^2} 或 $d_{x^2-y^2}$），根据表 6-3 轨道变换结果，p_x 轨道与 e_g 轨道对称性变换一致，对称性匹配；同时从图 6-15 也可以看出，氰根离子轨道可以和黄铁矿表面铁原子轨道可以实现同号重叠，对称性匹配。因此氰根离子 HOMO 轨道与黄铁矿表面铁原子 LUMO 对称性匹配，可以有效成键。

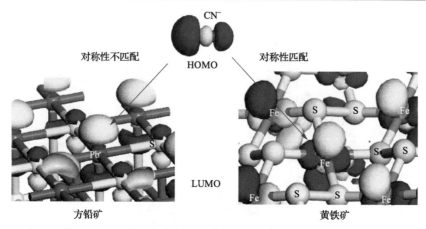

图 6-15 氰根离子的 HOMO 轨道与方铅矿和黄铁矿表面的 LUMO 轨道的对称性匹配示意图

图 6-16 是氰化物 LUMO 轨道与方铅矿和黄铁矿表面 HOMO 轨道的对称性匹配。氰根离子的 LUMO 轨道为碳原子的 $2p_z$ 和氮原子 $2p_z$ 形成的反键轨道，方铅矿表面铅原子 HOMO 轨道是 6s 轨道，根据表 6-3 的结果，p_z 和 s 轨道对称性不匹配；另外从图 6-16 也可以明显看出氰根离子的 LUMO 轨道无法与铅原子的 HOMO 轨道实现同号有效重叠，因此氰根离子的 LUMO 轨道与方铅矿表面铅原子的 HOMO 轨道对称性不匹配，不能有效成键。而黄铁矿的 HOMO 轨道和氰根离子 LUMO 轨道完全对称性匹配，能够有效成键。

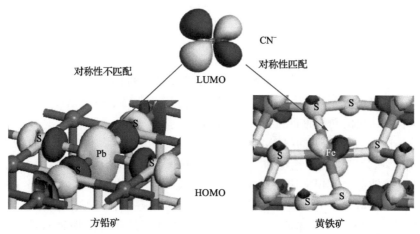

图 6-16 氰根离子 LUMO 轨道与方铅矿和黄铁矿表面 HOMO 轨道的对称性匹配示意图

根据以上讨论可知，氰根离子的 HOMO 和 LUMO 轨道与方铅矿表面铅原子的 LUMO 和 HOMO 轨道对称性都不匹配，因此氰根离子与方铅矿表面铅原子无法有效成键，不作用或作用弱。而黄铁矿表面铁原子的 HOMO 和 LUMO 轨道与氰根离子的 LUMO 和 HOMO 轨道对称性都匹配，能够有效成键，作用强。

6.5 Z-200 的选择性与前线轨道作用

Z-200 学名是乙硫氨酯，是硫化铜矿浮选的选择性捕收剂，对铜矿物具有较好的捕收性，对黄铁矿捕收性较弱，是目前硫化铜矿使用最普遍的捕收剂。Z-200 的分子结构如图 6-17 所示，Z-200 是非离子型捕收剂，没有电化学活性，用浮选电化学理论无法解释 Z-200 的捕收行为。

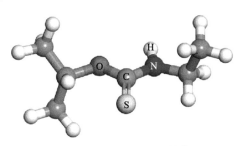

图 6-17 Z-200 的分子结构

Z-200 的 HOMO 轨道和 LUMO 轨道如图 6-18 所示。从图中可见，Z-200 的 HOMO 轨道主要由硫原子贡献，氮原子和氧原子贡献较小，可忽略；LUMO 轨道主要由碳原子、硫原子贡献，氮和氧有部分贡献。从 Z-200 的前线轨道还可以看出，Z-200 的 HOMO 轨道上主要是硫原子 $3p_y$ 轨道上的孤对电子，因此 Z-200 能够为金属离子的空轨道提供孤对电子，形成正向 σ 配位键；同时 Z-200 的 LUMO 为 π 轨道，能够接受金属离子的 π 电子对形成反馈 π 键，因此 Z-200 捕收剂与矿物表面金属离子的作用完全是配位作用。

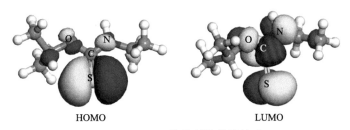

HOMO   LUMO

图 6-18 Z-200 捕收剂的前线轨道

黄铜矿表面同时存在铁和铜两种金属离子，黄铜矿晶体呈四配位结构，四面体场是弱场，铁是高自旋态，d 轨道上以单电子排布为主，黄铜矿表面铁提供 π 电子对能力非常弱，而铜离子 $d^9(Cu^{2+})$ 或 $d^{10}(Cu^+)$ 在 e 轨道上有 2 对纯 π 电子，t_2 轨道上有 2~3 对 π 电子，从反馈 π 键的能力来看，Z-200 分子在黄铜矿表面主要和铜原子发生作用。如图 6-19 所示，密度泛函理论计算结果证实 Z-200 分子与黄铜矿表面铜原子发生较强的作用,吸附能达到-101.5kJ/mol,作用键长为2.286Å,而与铁原子作用较弱,吸附能仅为-63.9kJ/mol,作用键长也达到2.408Å,表明黄铜矿表面铜原子确实是活性位点,这与配位场反馈π键理论预测结果一致。

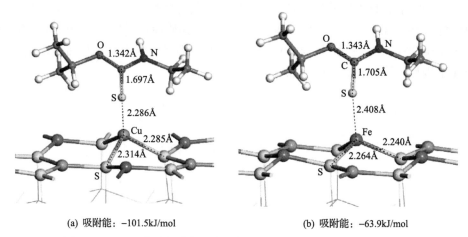

(a) 吸附能:-101.5kJ/mol   (b) 吸附能:-63.9kJ/mol

图6-19　Z-200分子与黄铜矿表面铜原子和铁原子作用的构型和能量

前面已经讨论过,黄铁矿表面HOMO轨道为铁 t_{2g} 轨道(d_{xy}),与Z-200的LUMO轨道 p_y 是对称性匹配的(表6-3)。从轨道对称性来看,Z-200与黄铁矿表面不存在对称性禁阻,可以发生作用。黄铁矿表面铁原子在 t_{2g} 轨道上有3对π电子,按照配位场反馈π键理论,Z-200与黄铁矿也应该有较强作用,但是计算结果和实验结果都证实Z-200与黄铁矿表面作用非常弱。图6-20是密度泛函理论计算结果,从图可见Z-200分子在黄铁矿表面吸附能只有-32.0kJ/mol,吸附键长也达到2.606Å,作用非常弱,甚至比黄铜矿表面铁原子与Z-200分子的作用都弱。

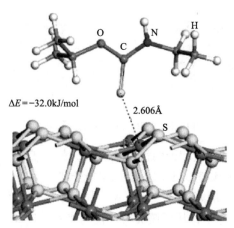

$\Delta E = -32.0$kJ/mol   2.606Å

图6-20　Z-200分子在黄铁矿表面吸附

前面讲过，前线轨道的作用需要满足三条规则，首先轨道要满足对称性匹配，然后轨道能量尽量相近和轨道最大重叠，前线轨道能量越接近，作用越强。图 6-21 是捕收剂分子的前线轨道与黄铁矿表面前线轨道的能量图，为了方便比较能量，矿物表面和捕收剂分子都采用全电子计算性质，并对药剂分子进行溶剂化处理。从图 6-21(a)可见，黄铁矿的 HOMO 轨道与丁基黄药的 LUMO 轨道最近，作用最强，其次是乙硫氮和丁铵黑药，离 Z-200 分子最远。四种捕收剂的 LUMO 与黄铁矿表面 HOMO 作用从强到弱的顺序为：丁基黄药＞乙硫氮＞丁铵黑药＞Z-200。这一顺序与浮选实践一致，Z-200 和丁铵黑药对黄铁矿捕收能力弱，丁基黄药和乙硫氮捕收能力较强。另外，需要指出的是，黄铁矿的 HOMO 轨道为 π 轨道，黄铁矿 HOMO 轨道与捕收剂分子 LUMO 轨道的作用反映了反馈 π 键的作用，因此该作用越强，捕收剂与黄铁矿表面作用的反馈 π 键也就越强，捕收性也就越好。

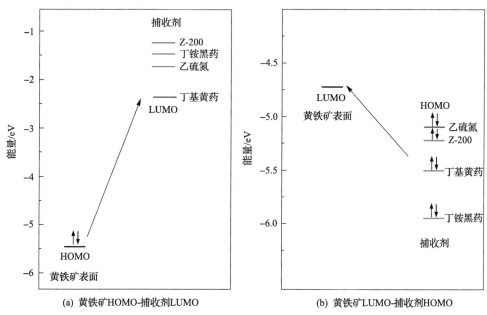

图 6-21　黄铁矿表面前线轨道与捕收剂分子前线轨道作用

捕收剂的 HOMO 轨道与黄铁矿表面 LUMO 轨道的作用，反映了捕收剂分子的孤对电子与矿物表面空轨道的正向配位能力。从图 6-21(b)可见，乙硫氮的 HOMO 轨道与黄铁矿表面的 LUMO 轨道最近，作用最强，其次是 Z-200 和丁基黄药，丁铵黑药最远。说明这四种捕收剂与黄铁矿表面的正向配位作用中，乙硫氮最强。Z-200 虽然与黄铁矿表面的正向配位作用较强，超过丁基黄药，但是 Z-200 与黄铁矿表面存在空间位阻作用，阻碍了 Z-200 分子与黄铁矿表面的作用，如图 6-22 所示。

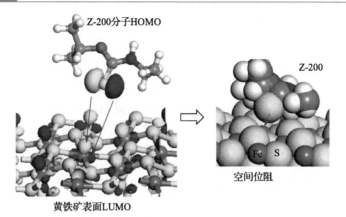

(a) 黄铁矿表面LUMO轨道与Z-200分子HOMO轨道

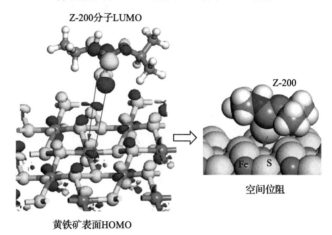

(b) 黄铁矿表面HOMO轨道与Z-200分子LUMO轨道

图 6-22　Z-200 分子与黄铁矿表面前线轨道作用的空间位阻效应

从图 6-22 可见，不管是 Z-200 的 HOMO 轨道还是 LUMO 轨道，在进行轨道有效或最大重叠时，由于黄铁矿表面的空间位阻效应，Z-200 分子无法和黄铁矿表面铁原子有效成键。因此 Z-200 分子对黄铁矿的捕收作用非常弱。

根据以上讨论可知，Z-200 与黄铁矿表面的反馈 π 键最弱，同时加上空间位阻效应，Z-200 与黄铁矿作用最弱。丁铵黑药的 LUMO 轨道与黄铁矿的 HOMO 轨道对称性不匹配，另外丁铵黑药的前线轨道与黄铁矿表面前线轨道作用也较弱，因此丁铵黑药对黄铁矿的捕收性较弱。对于乙硫氮和丁基黄药，其中丁基黄药的 LUMO 轨道与黄铁矿的 HOMO 作用最强，而乙硫氮的 HOMO 与黄铁矿表面的 LUMO 作用最强，因此丁基黄药和乙硫氮对黄铁矿的捕收性都较强。

四种捕收剂在黄铁矿表面的吸附热测量结果见表 6-6。由表可见，Z-200 在黄铁矿表面的吸附热最小，只有 2.717J/g，其次是丁铵黑药，在黄铁矿表面吸附热为 6.042J/g，乙硫氮和丁基黄药的吸附热较大，其中丁基黄药吸附热最大，达到 13.044J/g，是 Z-200 的 5 倍左右、丁铵黑药的 2 倍左右。四种捕收剂在黄铁矿表面的吸附热大小顺序为：丁基黄药＞乙硫氮＞丁铵黑药＞Z-200，这一顺序与捕收剂 LUMO 和黄铁矿 HOMO 轨道作用强弱顺序一致，从侧面证实了反馈 π 键在捕收剂与硫化矿作用中占主要地位。

表 6-6　捕收剂在黄铁矿表面的吸附热（J/g）

丁基黄药	乙硫氮	丁铵黑药	Z-200
−13.044	−10.234	−6.042	−2.717

6.6　杂质原子对闪锌矿表面轨道的影响

闪锌矿晶体为四配位结构，一个锌原子与四个硫原子配位；在形成表面的时候，一个锌-硫键断裂，因此闪锌矿表面为三配位结构。图 6-23 是闪锌矿表面的 HOMO 轨道和 LUMO 轨道，由图可见，闪锌矿表面 HOMO 轨道主要是硫原子的 3p 轨道，锌原子上只有非常少量的 d 轨道参与 HOMO 轨道，这是因为 Zn^{2+} 的价电子结构为 $3d^{10}4s^0$，$3d^{10}$ 为锌原子的电子占据态，而 $3d^{10}$ 是全充满状态，具有较强的惰性；从反馈 π 键作用来看，闪锌矿表面锌原子难以和丁基黄药 LUMO 轨道形成反馈 π 键。

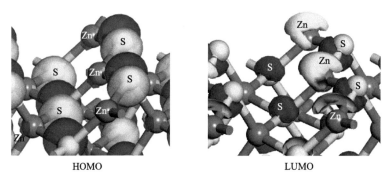

HOMO　　　　　　　　　　　　　　**LUMO**

图 6-23　闪锌矿表面的 HOMO 轨道和 LUMO 轨道

从图 6-23 中可以看出闪锌矿表面 LUMO 轨道主要是锌原子的 4s 轨道和部分硫原子的 3s 轨道，这是因为 Zn^{2+} 的价电子层中 4s 是空轨道，闪锌矿的 4s 轨道可以获得孤对电子形成正向配位作用。然而令人遗憾的是，闪锌矿表面锌原子的空轨道（4s）与丁基黄药的孤对电子占据轨道（p_z）对称性不匹配，如表 6-3 和图 6-24 所示。从前线轨道作用分析来看，闪锌矿表面与丁基黄药只有非常微弱的反馈 π 键作用，

正向 σ 键作用被对称性阻断，难以作用，因此丁基黄药对闪锌矿捕收作用较弱。

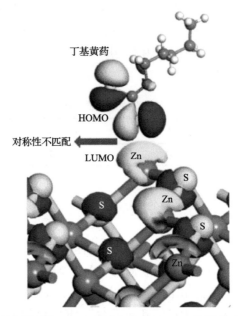

图 6-24　闪锌矿表面 LUMO 轨道与黄药 HOMO 轨道的对称性不匹配

　　闪锌矿表面含有铁杂质后，HOMO 轨道和 LUMO 轨道发生显著变化，如图 6-25 所示。闪锌矿表面的 HOMO 轨道和 LUMO 轨道主要在铁原子上，锌原子仍然没有活性，并且铁原子的 3d 轨道和硫原子的 3p 轨道发生作用，即铁原子的性质受到硫原子的影响比较大。从形状上来看，铁原子上的 HOMO 轨道为 $3d_{yz}$ 轨道，LUMO 轨道为 $3d_{z^2}$ 轨道。丁基黄药 HOMO 轨道和 LUMO 轨道分别为硫原子的 p_z 轨道、p_y 轨道，与闪锌矿表面铁原子的 HOMO 轨道和 LUMO 轨道 p_z 对称性匹配。即丁基黄药可以和闪锌矿表面铁原子发生作用，含铁闪锌矿与丁基黄药的作用强于纯闪锌矿。

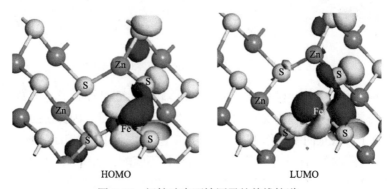

图 6-25　闪锌矿表面铁原子的前线轨道

图 6-26 是丁基黄药作捕收剂条件下，不同铁含量闪锌矿的浮选回收率。由图可见，对于铁含量在 0%～5%范围内，不管是水浴法合成的含铁闪锌矿，还是来自会泽铅锌矿的实际含铁闪锌矿，都表现出相似的浮选行为，即闪锌矿的浮选回收率随着铁含量的增加而增加[2,3]。Gigowski 报道，对于铁含量不同的天然闪锌矿，黄原酸很容易吸附在铁含量高的闪锌矿表面[4]。这一结果和轨道对称性匹配预测结果一致。

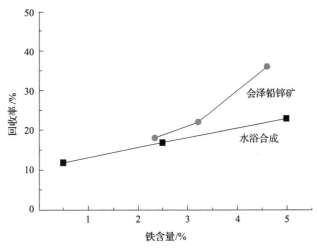

图 6-26　丁基黄药作捕收剂条件下，铁含量对闪锌矿浮选回收率的影响

图 6-27 是含铜闪锌矿表面的 HOMO 轨道和 LUMO 轨道。从图可见，含铜闪锌矿表面 HOMO 轨道为铜原子和硫原子，LUMO 轨道则主要为硫原子，而铜原子和锌原子几乎没有贡献。因此闪锌矿表面铜原子只参与 HOMO 轨道的作用，不参与 LUMO 轨道作用。从轨道的形状可以看出，铜原子的 HOMO 轨道为 d_{yz} 轨道，和丁基黄药分子的 LUMO 轨道 p_z 对称性相匹配，能够有效成键，这也说明闪锌矿表面铜原子与丁基黄药的作用以反馈 π 键为主。另外，由于铜原子不参与表面

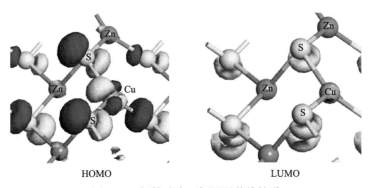

HOMO　　　　　　　　　　LUMO

图 6-27　闪锌矿表面铜原子前线轨道

LUMO 轨道作用，因此水分子 HOMO 轨道上的孤对电子难以和铜原子的 LUMO 轨道作用，从而导致铜活化闪锌矿表面具有疏水性，提高了闪锌矿的可浮性。表 6-7 的结果表明，铜活化能够显著提高闪锌矿天然可浮性，说明闪锌矿表面铜离子确实能够增强闪锌矿疏水性。

表 6-7　pH 值为 6.8、无氧条件下铜活化对闪锌矿天然可浮性的影响[5]

条件	产地	回收率/%
铜活化	南达科他州基斯顿	100
	密苏里州乔普林	100
	科罗拉多州克雷德	100
	俄克拉荷马州皮切尔	100
没有铜活化	南达科他州基斯顿	56
	密苏里州乔普林	47
	科罗拉多州克雷德	46
	俄克拉荷马州皮切尔	41

参 考 文 献

[1] 李国宝. 原子轨道对称性匹配的判据[J]. 云南师范大学学报(自然科学版), 1992, 12(1): 45-48.

[2] Chen Y, Chen J H, Lan L H, et al. The influence of the impurities on the flotation behaviors of synthetic ZnS[J]. Minerals Engineering, 2012, 27-28: 65-71.

[3] Yu J, Wu X Q, Zhao Z Q, et al. Effect of a small amount of iron impurity in sphalerite on xanthate adsorption and flotation behavior[J]. Minerals, 2019, 9(11): 687.

[4] Gigowski B, Vogg A, Wierer K, et al. Effect of Fe-lattice ions on adsorption, electrokinetic, calorimetric and flotation properties of sphalerite[J]. International Journal of Mineral Processing, 1991, 33(1-4): 103-120.

[5] Fuerstenau M C, Sabacky B J. On the natural floatability of sulfides[J]. International Journal of Mineral Processing, 1981, 3(8): 79-84.

附　　表

附表 1　常见元素的外层电子结构和原子半径(单位：Å)

元素名称	元素符号	电子构型	原子半径	元素名称	元素符号	电子构型	原子半径
氢	H	$1s^1$	0.3	钴	Co	$3d^74s^2$	1.25
氦	He	$1s^2$	0.93	镍	Ni	$3d^84s^2$	1.24
锂	Li	$2s^1$	1.52	铜	Cu	$3d^{10}4s^1$	1.28
铍	Be	$2s^2$	1.12	锌	Zn	$3d^{10}4s^2$	1.33
硼	B	$2s^22p^1$	0.88	镓	Ga	$4s^24p^1$	1.22
碳	C	$2s^22p^2$	0.77	锗	Ge	$4s^24p^2$	1.22
氮	N	$2s^22p^3$	0.70	砷	As	$4s^24p^3$	1.21
氧	O	$2s^22p^4$	0.66	硒	Se	$4s^24p^4$	1.17
氟	F	$2s^22p^5$	0.64	溴	Br	$4s^24p^5$	1.14
氖	Ne	$2s^22p^6$	1.12	铑	Rh	$4d^8\,5s^1$	1.31
钠	Na	$3s^1$	1.86	钯	Pd	$4d^{10}$	1.38
镁	Mg	$3s^2$	1.60	银	Ag	$4d^{10}\,5s^1$	1.44
铝	Al	$3s^23p^1$	1.43	镉	Cd	$4d^{10}\,5s^2$	1.49
硅	Si	$3s^23p^2$	1.17	铟	In	$5s^2\,5p^1$	1.62
磷	P	$3s^23p^3$	1.10	锡	Sn	$5s^2\,5p^2$	1.4
硫	S	$3s^23p^4$	1.04	锑	Sb	$5s^2\,5p^3$	1.41
氯	Cl	$3s^23p^5$	0.99	碲	Te	$5s^2\,5p^4$	1.37
氩	Ar	$3s^23p^6$	1.54	碘	I	$5s^2\,5p^5$	1.33
钾	K	$4s^1$	2.31	氙	Xe	$5s2\,5p^6$	1.90
钙	Ca	$4s^2$	1.97	铯	Cs	$6s^1$	2.62
钪	Sc	$3d^14s^2$	1.60	钡	Ba	$6s^2$	2.17
钛	Ti	$3d^24s^2$	1.46	镧	La	$5d^1\,6s^2$	1.88
钒	V	$3d^34s^2$	1.31	铈	Ce	$4f^1\,5d^1\,6s^2$	—
铬	Cr	$3d^54s^1$	1.26	镨	Pr	$4f^3\,6s^2$	—
锰	Mn	$3d^54s^2$	1.29	钕	Nd	$4f^4\,6s^2$	—
铁	Fe	$3d^64s^2$	1.26	钷	Pm	$4f^5\,6s^2$	—

续表

元素名称	元素符号	电子构型	原子半径	元素名称	元素符号	电子构型	原子半径
氪	Kr	$4s^2 4p^6$	1.69	钐	Sm	$4f^6 6s^2$	—
铷	Rb	$5s^1$	2.44	铕	Eu	$4f^7 6s^2$	—
锶	Sr	$5s^2$	2.15	钆	Gd	$4f^7 5d^1 6s^2$	—
钇	Y	$4d^1 5s^2$	1.80	铽	Tb	$4f^9 6s^2$	—
锆	Zr	$4d^2 5s^2$	1.57	铂	Pt	$5d^9 6s^1$	1.38
铌	Nb	$4d^4 5s^1$	1.36	金	Au	$5d^{10} 6s^1$	1.44
钼	Mo	$4d^5 5s^1$	1.41	汞	Hg	$5d^{10} 6s^2$	1.52
锝	Tc	$4d^5 5s^2$	1.3	铊	Tl	$6s^2 6p^1$	1.71
钌	Ru	$4d^7 5s^1$	1.33	铅	Pb	$6s^2 6p^2$	1.75

附表 2　范德瓦耳斯半径(单位：Å)

H	C	N	O	F	Si	P
1.17	1.7	1.58	1.40	1.47	2.1	1.80
S	Cl	Br	I	As	Se	Te
1.80	1.78	1.85	1.96	1.85	1.9	2.06

附表 3　离子半径（单位：Å）

元素	离子半径
H	1- 1.36; 1+ 0
He	1+ 0.93
Li	1+ 0.68
Be	2+ 0.31
B	1+ 0.35; 3+ 0.2
C	4- 2.6; 4+ 0.2(0.15)
N	3- 1.71; 5+ 0.11
O	2- 1.4; 1- 1.76
F	1- 1.36; 7+ 0.07
Ne	1+ 1.12
Na	1+ 0.95
Mg	2+ 0.65
Al	3+ 0.5
Si	4- 2.71; 4+ 0.41
P	3- 2.12; 5+ 0.34
S	2- 1.84; 6+ 0.29
Cl	1- 1.81; 7+ 0.26
Ar	1+ 1.54
K	1+ 1.33
Ca	2+ 0.99
Sc	3+ 0.81
Ti	2+ 0.78; 3+ 0.77; 4+ 0.68
V	2+ 0.72; 3+ 0.74; 4+ 0.61; 5+ 0.59
Cr	2+ 0.83; 3+ 0.64; 6+ 0.52
Mn	2+ 0.8; 3+ 0.7; 4+ 0.52; 7+ 0.46
Fe	2+ 0.76; 3+ 0.64
Co	2+ 0.74; 3+ 0.63
Ni	2+ 0.72; 3+ 0.62
Cu	1+ 0.96; 2+ 0.72
Zn	1+ 0.88; 2+ 0.74
Ga	1+ 0.81; 3+ 0.62
Ge	2+ 0.7; 4+ 0.53
As	3- 2.22; 3+ 0.69; 5+ 0.47
Se	2- 1.98; 4+ 0.69; 6+ 0.42
Br	1- 1.95; 7+ 0.39
Kr	1+ 1.69
Rb	1+ 1.48
Sr	2+ 1.13
Y	3+ 0.83
Zr	4+ 0.79
Nb	4+ 0.74; 5+ 0.7
Mo	4+ 0.66; 6+ 0.62
Tc	7+ 0.58; 2+ 0.95
Ru	4+ 0.62; 3+ 0.77; 8+ 0.54
Rh	3+ 0.75; 4+ 0.67
Pd	2+ 0.86; 4+ 0.64
Ag	1+ 1.26; 2+ 0.97
Cd	2+ 0.97; 1+ 1.14
In	3+ 0.81; 1+ 1.32
Sn	2+ 1.02; 4+ 0.71
Sb	3+ 0.9; 5+ 0.62; 3- 2.08
Te	2- 2.21; 4+ 0.89; 6+ 0.56
I	1- 2.16; 7+ 0.5
Xe	1+ 1.9
Cs	1+ 1.69
Ba	2+ 1.35
La	3+ 1.06; 4+ 0.9
Hf	4+ 0.78
Ta	5+ 0.7
W	4+ 0.68; 6+ 0.65
Re	4+ 0.72; 7+ 0.6; 6+ 0.52
Os	4+ 0.65; 6+ 0.53
Tr	4+ 0.64; 3+ 0.73
Pt	2+ 0.85; 4+ 0.7
Au	1+ 1.37; 3+ 0.91
Hg	2+ 1.1; 1+ 1.27
Tl	1+ 1.44; 3+ 0.95
Pb	2+ 1.2; 4+ 0.84
Bi	3- 2.13; 3+ 0.96; 5+ 0.74
Po	4+ 0.65; 6+ 0.56
At	7+ 0.51; 1- 2.27
Rn	
Ce	3+ 1.03; 4+ 0.92
Pr	3+ 1.01; 4+ 0.9
Nd	3+ 1.06
Pm	3+ 0.98
Sm	3+ 0.96; 2+ 1.11
Eu	2+ 1.12; 3+ 0.95
Gd	3+ 0.94
Tb	3+ 0.92; 4+ 0.84
Dy	3+ 0.91
Ho	3+ 0.89
Er	3+ 0.88
Tm	3+ 0.87; 2+ 0.94
Yb	2+ 1.13; 3+ 0.86
Lu	3+ 0.85

附表 4　离子极化率 (单位：Å³)

IA	IIA	IIIB	IVB	VB	VIB	VIIB	VIII	VIII	VIII	IB	IIB	IIIA	IVA	VA	VIA	VIIA
Li 1+ 0.029*	Be 2+ 0.008*											B 3+ 0.003*	C 4+ 0.0013*	N 3+ 0.012 5+ 0.0008*	O 2− 3.88* 6+ 0.0004*	F 1− 1.04 7+ 0.0003
Na 1+ 0.179*	Mg 2+ 0.094*											Al 3+ 0.054*	Si 4+ 0.0333*	P 3+ 0.162 5+ 0.0198*	S 2− 10.2* 4+ 0.107 6+ 0.0143*	Cl 1− 3.66* 5+ 0.0828 7+ 0.0099*
K 1+ 0.839*	Ca 2+ 0.472*	Sc 3+ 0.286*	Ti 2+ 0.71 3+ 0.557 4+ 0.185*	V 2+ 0.781 3+ 0.498 4+ 0.369* 5+ 0.126*	Cr 2+ 0.702 3+ 0.383 6+ 0.087*	Mn 2+ 0.527 3+ 0.329 4+ 0.234 7+ 0.063*	Fe 2+ 0.47 3+ 0.336*	Co 2+ 0.453 3+ 0.294	Ni 2+ 0.386*	Cu 1+ 0.482* 2+ 0.294	Zn 2+ 0.288*	Ga 3+ 0.198*	Ge 2+ 0.513 4+ 0.143*	As 3+ 0.496 5+ 0.103*	Se 2− 10.5* 4+ 0.259 6+ 0.0753*	Br 1− 4.77* 5+ 0.214 7+ 0.0594*
Rb 1+ 1.4*	Sr 2+ 0.86*	Y 3+ 0.55*	Zr 4+ 0.37*	Nb 4+ 0.91 5+ 0.261*	Mo 4+ 0.708 6+ 0.19*	Tc 7+ 0.186	Ru 4+ 0.543*	Rh 3+ 0.667 4+ 0.504	Pd 2+ 0.716 4+ 0.468*	Ag 1+ 1.72* 2+ 0.793	Cd 2+ 1.09*	In 3+ 0.73*	Sn 2+ 1.16 4+ 0.499*	Sb 3+ 0.927 5+ 0.36*	Te 2− 14* 4+ 0.75 6+ 0.261*	I 1− 7.1* 5+ 0.75 7+ 0.194*
Cs 1+ 2.42*	Ba 2+ 1.55*	La 3+ 1.04*	Hf 4+ 0.494	Ta 5+ 0.358	W 4+ 0.75 6+ 0.28	Re 4+ 0.881 7+ 0.208	Os 4+ 1.13 6+ 0.69	Tr 4+ 0.647	Pt 2+ 1.43 4+ 0.586*	Au 1+ 1.88* 3+ 0.887	Hg 2+ 1.24*	Tl 1+ 3.13 3+ 0.868*	Pb 2+ 2 4+ 0.615*	Bi 3+ 1.74 5+ 0.457*	Po 6+ 0.419	At 7+ 0.346

Ce	Pr	Nd	Pm	Sm	Eu	Gd	Tb	Dy	Ho	Er	Tm	Yb	Lu
3+ 1.03 4+ 0.73*	3+ 0.971 4+ 0.715	3+ 0.949	3+ 0.923	3+ 0.9	2+ 1.18 3+ 0.889*	3+ 0.899	3+ 0.821 4+ 0.473	3+ 0.791	3+ 0.757	3+ 0.738	3+ 0.73	2+ 0.968 3+ 0.689*	3+ 0.661

资料来源：游效曾. 离子的极化率[J]. 科学通报, 1974, (9): 419-423.

*为鲍林数值。

附表 5　不同分子结构中 N、P、S、As 原子的极化率

分子式	摩尔折射度	分子极化率/Å³	中心原子摩尔折射度	中心原子极化率/Å³
CH_3OH	8.232	3.27	1.414	0.56
C_2H_5OH	12.917	5.13	1.481	0.59
C_6H_5OH	27.996	11.11	1.689	0.67
$(C_2H_5)_2O$	22.493	8.92	1.821	0.72
$(C_3H_7)_2O$	32.226	12.79	2.318	0.92
$C_2H_5NH_2$	14.801	5.87	2.265	0.90
$(C_2H_5)_2NH$	24.37	9.67	2.598	1.03
$(C_2H_5)_3N$	33.794	13.41	2.786	1.11
$C_6H_5NH_2$	30.594	12.14	3.187	1.26
$(C_3H_5O)_3P$	43.002	17.06	7.074	2.81
$(C_6H_5O)_3P$	88.411	35.08	7.87	3.12
C_2H_5SH	19.168	7.61	7.732	3.07
C_6H_5SH	34.504	13.69	8.197	3.25
$(CH_3)_2S$	19.131	7.59	7.695	3.05
$(C_2H_5)_2S$	28.594	11.35	7.922	3.14
$(C_2H_5)_3P$	40.272	15.98	9.264	3.68
$(C_6H_5)_3P$	87.455	34.70	11.834	4.70
$(C_2H_5)_3As$	39.114	15.52	8.106	3.22
$(C_5H_5)_3As$	92.523	36.71	16.902	6.71
$HOCH_2CH_2OH$	14.514	5.76	1.539	0.61
$H_2NCH_2CH_2NH_2$	18.193	7.22	2.2785	0.90
$H_2NCH_2CH_2CH_2NH_2$	22.968	9.11	2.357	0.94
$HSCH_2CH_2SH$	27.052	10.73	7.808	3.10

资料来源:李继平. 硬软酸碱与离子极化——探讨极化度是化学软度的定量标度的问题[J]. 辽宁师范大学学报(自然科学版), 1983, (2): 27-42.

附表 6　采用摩尔折射率获得的部分阴离子极化率(单位:Å³)

阴离子	F^-	Cl^-	Br^-	I^-	O^{2-}	S^{2-}	OH^-
极化率	0.94	2.97	4.19	6.47	2.75	5.12	1.23
阴离子	NO_3^-	ClO_4^-	ClO_3^-	BrO_3^-	HS^-	CN^-	CO_3^{2-}
极化率	1.21	1.20	1.56	1.89	4.99	2.88	1.45
阴离子	SO_4^{2-}	PO_4^{3-}	SO_3^{2-}	SiO_3^{2-}	AsO_3^{2-}		
极化率	1.28	1.58	1.71	1.75	2.21		

附表 7　常见浮选药剂的摩尔折射率和极化率

药剂名称	摩尔折射率	极化率/Å³
甲基黄药	2.96	11.73
乙基黄药	3.42	13.57
正丙基黄药	3.88	15.41
正丁基黄药	4.35	17.25
正戊基黄药	4.81	19.09
25 号黑药(甲酚黑药)	8.81	34.94
丁铵黑药	6.57	26.06
苯胺黑药	8.31	32.97
环己胺黑药	8.50	33.72
乙硫氮	3.64	14.43
Z-200(乙硫氨酯)	4.37	17.35

注：药剂分子的摩尔折射率由 CHEM3D 计算获得。